U0164254

上市
融資解構

認識過程、懂得解構
笑傲股海淘金

 新新聞媒體有限公司
SHARE NEWS MEDIA LIMITED

天韵國際控股有限公司 06836.HK

以自家品牌：「天同時代」、「繽果時代」及「果小懶」系列
致力為消費者提供優質安全、健康可口、營養豐富而方便的即食加工水果產品。

序言

審時度勢 盡掌先機

2016 年經歷了多次「突然」的全球金融大事，美國進入加息週期、英國脫歐成功、美國總統大選特朗普跑出、人民幣正式納入國際貨幣基金組織（ＩＭＦ）的特別提款權（ＳＤＲ）貨幣籃子；每個事件的出現，也為金融市場注入新變數，致使在分析及製定策略上也要引入新思維緊握市場節奏。然而一切的「小變更」，無阻內地及香港金融市場，乘人民幣國際化跨步至影響全球金融「大時代」的積極步伐。

自 2009 年中國成為世界第二大經濟體以來，生產總值一直穩居世界第二位，佔世界經濟總量的比重逐年上升。根據 IMF 資料顯示，2015 年中國 GDP 佔世界的比重約為百比之十六，比 2012 年提高 4 個百分點。而與美國的差距，亦已明顯收窄。 2015 年中國 GDP 相當於美國的 63.4%，比 2012 年大幅提高了 11 個百分點。意義背後，展現中國已成為全球經濟增長穩定的動力來源。延續的勢頭，反映出內地及香港資本市場作為全球資金集散地的地位確有望進一步提升。在內地膨脹中的投資資金規模，與及國際市場因看好內地經濟前景而更龐大的東來長綫資金進駐下，本地市場作為具實力公司籌資擴展的平台，確具備競爭優勢。

善用短中期良好氣氛，上市融資顯然是具潛力企業要盤算的事情。對具前瞻性、積極拓展的企業而言，此或許不是唯一之路，但肯定是要去認識理解的效率化方式。融資可以不上市，上市可以不融資，是一個最基本的概念，籌集資金是最終共同目標。聚焦後者，上市可理解作提供一個股票可以公開交易（轉讓）的平台，增強流通性；更重要是方便對公司進行定價，展現量化整體價值潛力。相信在內地及香港環境底下，上市肯定是連繫到 IPO（Initial Public Offering）、公開發行股票募資的根本。 IPO 定價、估值、戰略投資者等安排，均是眾投資者最關心的內容。只因，一切是與其資本增值的機會率有極大關係。每個層面，要做得好皆有學問。對企業管理層而言，及對個人投資者而言，需認清一切才能盡握先機。

本書綜合上市融資主要要認知的重點，給大家透徹了解新近上市要求、隨後的方式與途徑助企業經營者及高級管理人員謀對策、重點研究如何進入香港上市資本市場，令企業踏上更高台階。另外亦借助上市各重要環節中，具經驗往績的業界高手，剖析解構其各自的致勝之道。以更直接方式，讓大家選出更合適的安排，為企業融資定出最終對策。在對投資者而言，認知更多何謂「好安排」便能找對目標投資企業，於股海淘金！

楊敬培
資深財經專欄作家
新新聞媒體集團顧問

找對夥伴 打造致勝之道

把企業做好，伴隨其規模壯大的擁有者與及管理層，已是適當的經營者。要更上一層樓，本質上需做到資本與產業的結合，才是有效法則。將企業處理得宜，借力資本一飛沖天創造理想價值是最終里程碑。當然，亦有企業牽手資本後，出現更多問題致經營情況走下坡，最終落敗收場。撇除企業資本市場的執行方針是好或壞，然而要學懂與資本共舞，有時要同步配合大形勢才能事半功倍。要收理想效果，學懂、認知上市融資是首要工作。本書便提供了一個便捷途徑。

上市融資要做得出色，作最頂級的商業較量比拼與同業競爭，窺探其中獨特之處及手段方式涵蓋多過專業層面，其中包含多個重要的法則。簡而精的方式，詳述並解讀企業上市投融資的重要地方、流程好壞，是其中精要。本書強調的「找對了夥伴」，就直接了當以精闢的方式，重點指出上市保薦人、包銷商等的關鍵角色，在上市過程中的積極作用。企業於前期找對好夥伴，便能笑傲資本市場融合自身實力，打造致勝之道！

不管上市前後，融資有如婚姻嫁娶，男婚女嫁各有所求、各取所需。不了解彼此追

求的目標，不達到情投意合，最終難以白頭到老。同樣道理，要藉上市融資將企業發展到更高層次，認真去了解資本增上遊戲規則，學懂市場營運，征途便能暢通無阻。懂得更多，才能善用資本市場的真正威力。很多人對上市融資，會有「未見官要先打八十」的疑問；先付出一定資金費用作上市安排，是否真有收回的可能。但得要思考是，如果上市融資沒有好處，怎麼可能其於多年以來均成為慣用的成長法則。錢要花，也要懂得怎樣才用得值得。透過業內各專業人士仕的寶貴經驗，跟大家分享怎樣善用上市的資本，協助創造更大的企業機遇與商機。上述所提，已在本書悉心安排了答案。

有妥善的安排，企業與投資者達致共贏，才是上市融資之道。上市投融資技術上是如何整合資源做大做強企業，其不僅是資金之合，更是資源之合。過程結合業務夥伴、股東們的優勢互補，資金之外能額外增添新的資源及思維，道理非同小可。資源整合能效率化，企業的實力及資產規模便能捉緊亮麗前景。將複雜的事情簡單化，就是此工具書的構思由來。尋求反璞歸真，以讓企業高管理解作上市融資判斷，亦令一眾投資者了解上市融資的真實流程概況，從而了解到箇中的一些小技倆，學以致用發掘好投資機會。以更清晰角度，迎接人民幣國際化大潮下，中港股市綻放的資本商機。

黃子祥
投資先機雜誌社長

FaithJobs

We provide a variety of services covering professional human resources solutions in the areas of :

Inbound and Outbound Talent Transfer and Development

Secondment services

Executive searches

Paryroll outsourcing

証券包銷　　　　資産管理

鼎  成

企業融資　　　　証券交易

鼎成植根香港三十載　助你投資創富
- 忠誠可靠・以客為本 -

目錄

第一章

上市集資 瞄準全球機遇

上市集資 瞄準全球機遇
第一章

第一章

上市集資 瞄準全球機遇

香港股票市場普遍在市民心目中，可形容作炒賣的資本「角力」場。股票上市，企業增加股東基礎以籌措更多資金，提升自身實力開拓全球市場，以至併購同業增規模，可說是最基本目的。然而要了解更多，才能盡享上市集資的好處、迴避風險。從根本出發，先來溫故知新。

1. 何謂上市

簡單而言，上市公司（Listed Company），也稱公開公司、公眾公司（Public Company），是有限公司的一種，是指可以在證券交易所公開交易其公司股票、證券等的股份有限公司。

股票上市是指公司發行的股票依照法定條件和程序，在證券交易所公開掛牌交易的法律行為。公司把其證券及股份於證券交易所上市後，公眾人士可根據各個交易所的規則下，自由買賣相關證券及股份，買入股份的公眾人士即成為該公司之股東，享有權益。而為保護股東利益，按上市規則，上市公司必須向投資者及公眾，定期公佈其公司的負債及損益表等資料，並接受監察。

公司把其證券及股份上市的原因有多種，在一般情況下，公司把證券及股份在發行股份後以首次公

2. 上市的價值何在

所謂「未見官先打八十」，上市前期需支付一筆不少的開支，以給不同專業團隊提供服務報酬。現時的上市費用總計大約是 2000-3000 萬元不等，雖然如此，仍無礙實力企業尋求上市。只因向前的企業價值，包括商譽、融資優勢等，絕不是以眼前開支去衡量。

在申請上市的整個過程中，涉及的包括有保薦人、申報會計師、法律顧問、包銷商／配售代理、估值師、存管人等。至於提及到的費用，其中主要包括給香港證券交易所（港交所）上市費用、包銷商的佣金，再加上支付給保薦人、法律顧問、會計師和中介等費用。總費用根據首次發行規模的大小會有很大差異，企業應準備將 5% 到 30% 的募集資金作為發行成本。

開招股（Initial Public Offerings，縮寫：IPO）形式上市，能吸引公眾人士以大批資金注入公司，令公司得以充足資金發展業務或償還債務；另外，亦有部份公司以非發行新股份之方式（名稱因應各地方之證券交易所規則而有所分別）上市，其目的可能是提高公司知名度或增加公司將來籌集資金的途徑。

> 「IPO，又名股票市場啟動，是公開上市的一種類型。通過證券交易所，公司首次將本應賣給機構投資人的股票轉而賣給一般公眾，私人公司通過這個過程會轉化為上市公司。IPO 通常被公司用來募集資金，儘可能地將早期個人投資者的投資得以套現，同時讓公司成為公開交易的企業。出售股份的公司，沒有義務向公眾投資者償還資本。IPO 之後，公司的股份會在公開市場上自由交易，資金也僅僅在公眾投資者之間流通。」

香港上市流程

一般而言，從聘用上市中介人開始起計，平均需時約 7 個月至 15 個月不等，視乎每個步驟的進度。企業在港上市需經過多個步驟或程序才能成功上市，詳見下頁。

主板

準備階段（一般需時一至三個月）

聘請專業中介機構
（包括保薦人、律師、會計師、評估師等）

⬇

審查及評估
（上述專業中介機構進行盡職調查及評估）

⬇

集團重組（如有需要）
（擬上市公司和專業中介團體機構共同商
討及落實上市重組的架構，使適合上市和
公司未來的業務發展）

前期工作階段（一般需時二至四個月）

審計及編製會計師報告
（會計師編制擬上市公司過去業績及財務
狀況之報告）

⬇

編制上市文件
（保薦人草擬招股章程及各上市文件）

⬇

集團重組（如有需要）
若以 H 股公司形式上市，向中國證監會提
供保薦人報告及公司境外上市申請

審批階段（一般需時三至六個月）

香港交所呈交嘗試申請表及有關文件，並候
排期作上市聆訊（再此階段要悉數支付首次
上市費），聆訊前需備妥呈交的文件包括：

• 交完備版本的招股章程（最好草擬好三個
財政年度的帳目）

• 業績紀錄期間首兩年的經審核帳目

• 發行人於上市後的任何建議關連交易的書
面陳述

• 保薦人承諾及獨立性陳述

• 較完備版本的業績紀錄期間尚餘期間的集
團帳目調整表

• 公司章程大綱及細則或同等文件的初稿

• 發行人與每名董事 / 主管人員 / 監事及發
行人與其保薦人（只限 H 股）所簽訂的合約
初稿

• 盈利預測備忘錄的初稿

• 董事 / 監事有關其他業務的正式聲明及承
諾書

• 《公司條例》所規定的合約

• 上市的正式通告的初稿

• 認購上市證券的申請表的初稿

• 所有權文件或股票的初稿

• 關於發行人（只限 H 股）根據中國法律合
法註冊成立及其法人身份的法律意見的初稿
副本

若以 H 股形式上市，須獲中國證監會批准申
請企業的境外上市

港交所上市委員會進行上市聆訊

發行階段 (一般需時二至四個月)

上市委員會批准上市

↓

保薦人連同公關公司向投資者推介擬上市公司

↓

刊發招股章程及正式通告

↓

接受公眾認購申請

↓

正式掛牌上市

創業板

創業板上市的步驟及程序大致與主板相同簡化流程如下:

遞交上市申請排期及排期聆訊

↓

上市科推薦上市

↓

批准上市

↓

刊發招股章程

↓

股份開始買賣及掛牌上市

香港上市費用主要基本組成部份

包銷佣金　　傳訊支援

過戶處及收票銀行費用　　交易所費用

專業費用 (投資銀行、法律顧問、申報會計師、估值師等)　　雜項

＊再加上如估值師、存管人、財經公關、港交所首次上市費用等其他開支,一間公司首次上市總支出一般約 2000-3000 萬元不等,視乎公司或集資規模而定。

首次上市費用

　　關於向港交所繳付的首次上市費用。如屬新申請人發行股本證券，則於申請上市時須根據將予上市的股本證券的市值繳付首次上市費。申請人須於遞交上市申請表的同時，繳付首次上市費。

主板

將予上市的股本證券的市值	（百萬港元）	首次上市費（港元）
不超過	100	150,000
	200	175,000
	300	200,000
	400	225,000
	500	250,000
	750	300,000
	1,000	350,000
	1,500	400,000
	2,000	450,000
	2,500	500,000
	3,000	550,000
	4,000	600,000
	5,000	600,000
超過：	5,000	650,000

創業板

將予上市的股本證券的市值	（百萬港元）	首次上市費（港元）
不超過	100	100,000
	1,000	150,000
超過：	1,000	200,000

附註：
1. 如在主板作第二上市，首次上市費通常為上文所列費用的 25%，最低款額為 150,000 港元。
2. 對於創業板轉主板的申請人，首次上市費將獲減 50%。

另外，上市發行人均須一次性預先繳付上市年費，該項費用按照現時或將會在交易所上市的證券的面值計算。

上市年費

　　另外，上市發行人均須一次性預先繳付上市年費，該項費用按照現時或將會在交易所上市的證券面值計算。

主板

上市的股本證券的面值	（百萬港元）	上市年費（港元）
不超過	200	145,000
	300	172,000
	400	198,000
	500	224,000
	750	290,000
	1,000	356,000
	1,500	449,000
	2,000	541,000
	2,500	634,000
	3,000	726,000
	4,000	898,000
	5,000	1,069,000
超過：	5,000	1,188,000

　　如果發行人的股份面值低於 0.25 港元，在計算上市年費時，每股股份的面值視作 0.25 港元。

附註：
1. 如果在主板作第二上市，上市年費通常為上文所列費用的 25%。
2. 對於預托證券發行人，「上市股份的面值」指的是預托證券所代表的股份的面值。
3. 若上市發行人的股份於上市日期後不再有面值（「無面值事件」），則使用緊接無面值事件之前用於計算上市年費的每股面值（「每股名義面值」）作為計算無面值事件後的上市年費。若發行人於無面值事件後分拆股份，每股名義面值須相應調整，但須符合最少須為 0.25 港元的規定（例如發行人將一股分拆為兩股，每股名義面值本為 1 港元，用於計算分拆後上市年費的每股面值將為 0.50 港元）。
4. 若發行人的股份於上市當日並無面值，計算上市年費時視每股面值為 0.25 港元。

創業板

上市的股本證券的面值	（百萬港元）	首次上市費（港元）
不超過	100	100,000
	2,000	150,000
超過：	2,000	200,000

如果發行人的股份面值低於 0.25 港元，在計算上市年費時，每股股份的面值視作 0.25 港元。

附註：
1. 若上市發行人的股份於上市日期後不再有面值（「無面值事件」），則使用緊接無面值事件之前用於計算上市年費的每股面值（「每股名義面值」）作為計算無面值事件後的上市年費。若發行人於無面值事件後分拆股份，每股名義面值須相應調整，但須符合最少須為 0.25 港元的規定（例如發行人將一股分拆為兩股，每股名義面值本為 1 港元，用於計算分拆後上市年費的每股面值將為 0.50 港元）。
2. 若發行人的股份於上市當日並無面值，計算上市年費時視每股面值為 0.25 港元。

另要注意是，企業上市後在持續應用資本平台上，每年也需預算至少約 200 萬港元，以聘請財務審計、律師等以符合港交所及證監會等的嚴格監管要求。對此，企業應該有充足的考慮。

然而，仍有更多的間接成本需要考慮，企業上市後，為履行信息披露義務要付出一筆費用。上市後，企業的決策已不能像上市前般普遍的個人主義，而會由董事會和監事會以及獨立非執行董事作共同監察。為保障社會公眾投資者，額外的費用需用以聘請上述專業人士以符合要求。雖然要做得更多，但一切付出，總體有利企業的長期計劃，披露信息工作做得充做，有助吸納更多散戶以至長線機構投資者。

公司上市帶來的優點

公司申請把股份上市的原因不盡相同，往往因公司、其股東及管理層的不同情況而有別。公司申請上市的原因，可能是股東有意將部分投資變現，或公司本身缺乏資金拓展業務。不論申請上市的原因為何，公司獲得上市地位可享有如下優點：

上市優點一

上市時及日後均有機會籌集資金，以獲取資本擴展業務。非上市公司通常資金有限，也就意味著他們為維持自身運營提供資金的資源有限。

需要籌資的公司能夠通過上市獲得大量的資金，通過公開發售股票（股權），一家公司能募集到可用於多種目的的資金，包括增長和擴張、清償債務、市場營銷、研究和發展，以及公司併購。不僅如此，公司一旦上市，還可以通過發行債券、股權再融資或定向增發等，再次從公開市場募集到更多資金。

上市優點二

擴大股東基礎，使公司的股票在買賣時有較高的流通量，令流動性增強。私人公司的所有權通常不具備流動性而且很

難出售，對小股東而言更是如此。

上市為公司的股票創造了一個流動性遠好於私人企業股權的公開市場，投資者、機構、建立者和所有者的股權都獲得了流動性，股權的買賣變得更加方便了。儘管流動性可以提升公司的價值，但是這取決於諸多因素，包括註冊權、鎖定限制和持有期等。例如，典型的經營者和建立者會面對各種限制，不允許他們在公司上市後的若幹個月內將股權兌現。流動性還為公司將增發股份賣給投資者進行再融資提供了更大的機會，幫助公司的負責人排除個人擔保，為投資者或所有者提供了退出戰略、投資組合多樣性和資產配置靈活性。

上市優點三

向員工授予購股權作為獎勵和承諾，增加員工的歸屬感：上市公司可以使用股票和股票期權等，來吸引並留住有才幹的員工。

股票持有權，可以提高員工的忠誠度，並阻止員工離開公司，而成為競爭者。如在 2015 年上市的阿里巴巴、巨人網路等中國企業，因員工持股而創造了數千名百萬富翁、千萬富翁，還有數名億萬富翁。

上市優點四

提高發行人在市場上的地位及知名度，贏取顧客及供應商的信賴。

上市可以幫助公司獲得聲望和國際信任度。伴隨公司上市的宣傳效應對於其產品和服務的營銷非常有效。而且，受到更多的關註常常會促進新的商業或戰略聯盟的形成，吸引潛在的合夥人和合併對象。從私人公司向上市公司的轉變還會增進公司的國際形象，並為顧客和供貨商提供與公司長期合作的信心。而對於一間中國公司可以一個如香港交易所的國際資本市場上市，公司將在國內外獲得顯著的品牌認同。

上市優點五

增加公司的透明度，有助銀行以較有利條款批出信貸額度。

由於公司上市後知名度提高，而且需要定期公布業績，以及為敏感的消息作出公布，所以公司的透明度增加，銀行於放貸前，除了由公司所提供的營運及業績報告外，亦可由公開消息處多了解公司，對於公司的了解多了，便可以用較有利的條款批出信貸額度。

上市優點六

上市發行人的披露要求較為嚴格，公司的效率得以提高，藉此改善公司的監控、資訊管理及營運系統。

決定上市的私人公司需要重新審查其管理結構和內部控制，內部規範和程式的建立，以及對公司治理標準的堅持，最終會使公司管理更好、更加成功。執行內部控制並堅持嚴格的公司治理標準的公司，又將獲得更高的估值。

上市優點七

公司獲得價值重估，上市公司的估值往往比私人企業高。

上市會立刻給股東帶來流動性，從而提高了公司的價值（當然，對於上市公司的財務透明和公司治理的要求也有助於提高其估值）。例如，當中國工商銀行 01398.HK 尚未上市時，高盛買下其一部分股權的成本是工行賬面價值的 1.22 倍。當工行上市後，其股票市值達到了賬面價值的 2.23 倍，公司的估值幾乎翻了一番！

上市優點八

有利公司未來進行合併及收購。

上市公司的股票市場和估值一旦建立，就具備了通過交易股票來收購其它公司的優勢，通過股票收購相對其它的途徑更為方便和便宜。由於具備了在公開市場進行再融資的能力，上市公司為現金收購提供資金支持的能力也更強。上市也使其它公司更容易注意到公司，並對與公司的潛在整合和戰略關係進行評估。

上市優點九

讓公司股東及投資者有更好的退出戰略和財富轉移。

公司股票所處的公開市場也為最初的投資者和所有者提供了流動性和退出戰略，上市也使人們在心理上更容易認同公司在財務上的成功，這無疑是個額外的好處。上市可以增加公司的股票持有者的個人淨資產，即使上市公司的持股人不立刻兌現，能夠公開交易的股票也可以用作貸款抵押。

尋求上市小總結

當一家公司將其有價證券在交易所出售的時候，公眾投資人為購買這支新發行的股票而支出的現金會直接流入此公司賬戶（首次發行），或者，作為大型首次公開募股的一部分，流入任何一個選擇出售其所持有的全部或部分股權的私人投資者手中（二次發行）。

因此，首次公開募股使得公司能夠進入廣闊的潛在投資者市場，為其自身的未來發展、債務償還、或者運營成本，籌措資金。

出售普通股的公司沒有義務向公眾投資者償還資本，投資者們必須忍受開放市場中股票價格和交易的不可預測性。

首次公開募股之後，這支股票會在開放市場中自由交易，資金在公共投資者之間流通。而作為首次公開募股的一部分，早期個人投資者可以選擇出售部分股權。對這部分人來說，首次公開募股給他們提供了一個使其投資貨幣化的機會。

首次公開募股之後，一旦股票在開放市場中交易，持有大宗股票的投資人可以在此開放市場中逐漸出售股權，或者通過二級市場，以固定價格，直接將部分股權出售給公眾。由於沒有新股份產生，這種類型的出售不會削減股值。

公司一旦上市，便會以各種不同的方式額外發行普通股，這些股份屬於後續發行股。這種方法通過發行權益為企業的各種商業目的提供資金，同時不會產生任何債務。而能夠擁有這種快速從市場上募集潛在大量資金的能力，則是很多企業尋求上市的目的。

上市公司除了可以發行普通股集資之外，還有很多其次集資方式，包括：發行優先股、債券、可轉換債券、認股權等，可見上市可以為公司提供很多福利。

國內公司上市常見問題

會計準則

- 創業板上市規則規定，公司需要有營運資金變動前的經營現金流量兩年達到港幣兩千萬。
- 營運資金變動前的經營現金流量的計算方法為稅前利潤，扣除固定資產折舊，利息收入，利息支出售出固定資產的收入和投資物業的升值部分。
- 由於主板上市的要求指標主要為淨利潤，和創業板的主要要求"營運資金變動前的經營現金流量"有所不同，企業上市前必須衡量自身的財務情況而做出選擇。

中國內地土地的合規問題

- 無論是經租賃或買賣的土地，公司必須保證該地的合規方面完全沒有問題。
- 如公司經營所需的土地（如廠房／店鋪）在產權上有瑕疵，必須在遞表披露後備方案。

中國稅法及法律法規

- 中國稅法比香港稅法較多不同的稅種。遞交上市申請表前必須確保公司在過往三年交折交付各項稅項，並得到國稅地稅的完稅證明。

社保及住房公積金

- 遞交上市申請表前必須確保公司在過往三年內交足社保及住房公積金。
- 由於私人企業和外地員工多不肯交足，在上市中較容易造成額外的問題。
- 如企業在三年內都沒有交足社保及住房公積金，申請會計師很大機會要求公司對該筆款項進行撥備。

其他問題

- 其他問題包括境內和境外重組，內部控制及提升財務部門能力等等。

（資料來源：天財資本 TC CAPITAL）

3. 要成為上市企業需具備的資格

身為一間公司的管理層，在憧憬上市所帶來的好處及更理想發展前景，其實應該作以下的考慮：

- 如何知道公司是否適合上市或已準備好上市？是否知道上市意味著什麼？公司一旦上市董事將會承擔嚴格的報告義務和其他持續責任，他們是否知曉並已做好準備？

- 上市不是終點。實際上，上市標誌著公司進入了新的發展階段—上市為公司提供許多機遇，包括提高知名度及聲譽。

- 除了考慮公司是否符合我們的上市要求，還必須考慮上市後所帶來的影響，比如上市後對稅務及法律適用的影響。

- 上市是公司發展周期的合理步驟，然而，公司適合上市與否，卻不能一概而論，應取決於公司的個別情況，以及其董事及管理層會否承擔上市所產生的所有持續責任。

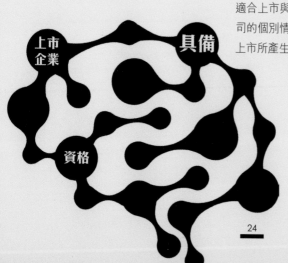

公司必須周詳及審慎評估公司本身、其業務策略及其股東與管理層的意向後，方可作出上市決定，其中初步考慮的問題包括：

- 公司申請上市的理據為何？舉例來說，其股東是否希望將其於公司的部分投資變現，又或公司是否希望尋求資金作業務發展之用？上市是否切合公司的整體策略？

- 公司及管理層是否注意到上市所需的時間和成本？

- 股東是否準備好接受某程度上失去公司的控制權（某些交易或需經由公司的獨立股東事先批准）？

- 公司管理層是否準備好接受對上市公司嚴謹的持續責任要求以及接受公眾人士的詳細審查？

- 董事是否知悉董事會任何人事變動也可能影響公司的股價及投資者的信心？

- 公司管理層是否願意花時間與投資者及研究分析員會晤及溝通？

- 管理層能否平衡公司的短期表現（如盡量提高股東價值）與較長遠的企業策略？

- 董事是否知悉公司上市後其誠信責任及買賣股票的限制？

「當公司管理層能夠肯定地回答上述問題，便可以審視自己公司是否夠資格上市，而且須要徵詢財務顧問的意見作全方位分析及探討，以定出公司是否適合上市及在上市後將面對的問題及挑戰。」

企業認清目標，尋求上市之路邁向新里程。在乎合「要求」與否上，需先確認清楚。後面分別詳述香港主板及創業板上市的門檻要求。

主板上市的要求

主線業務：並無有關具體規定，但實際上，主線業務的盈利必須符合最低盈利的要求。

業務紀錄及盈利要求：上市前三年合計溢利5,000萬港元（最近一年須達2,000萬港元，再之前兩年合計）。

業務目標聲明：並無有關規定，但申請人須列出一項有關未來計劃及展望的概括說明。

最低市值：香港上市時市值須達1億港元。

最低公眾持股量：25%（如發行人市值超過40億港元，則最低可降低為10%）。

管理層、公司擁有權：三年業務紀錄期須在基本相同的管理層及擁有權下營運。

主要股東的售股限制：受到限制。

信息披露：一年兩度的財務報告。

包銷安排：公開發售以供認購必須全數包銷。

股東人數：於上市時最少須有100名股東，而每100萬港元的發行額須由不少於三名股東持有。

創業板上市要求

主線業務：必須從事單一業務，但允許有圍繞該單一業務的周邊業務活動。

業務紀錄及盈利要求：不設最低溢利要求。但公司須有24個月從事「活躍業務紀錄」（如營業額、總資產或上市時市值超過5億港元，發行人可以申請將「活躍業務紀錄」減至12個月）。

業務目標聲明：須申請人的整體業務目標，並解釋公司如何計劃於上市那一個財政年度的餘下時間及其後兩個財政年度內達致該等目標。

最低市值：無具體規定，但實際上在香港上市時不能少於4,600萬港元。
最低公眾持股量：3,000萬港元或已發行股本的25%（如市值超過40億港元，最低公眾持股量可減至20%）。

管理層、公司擁有權：在「活躍業務紀錄」期間，須在基本相同的管理層及擁

有權下營運。

主要股東的售股限制：受到限制。

信息披露：一按季披露，中期報和年報中必須列示實際經營業績與經營目標的比較。

包銷安排：無硬性包銷規定，但如發行人要籌集新資金，新股隻可以在招股章程所列的最低認購額達到時方可上市。

香港交易所上市部對上市申請的要求（截至 2016 年 12 月）
www.hkex.com.hk

1. 財務規定

- 公司具備不少於 3 個財政年度的營業紀錄，並符合下列三項財務準則

	主板			創業板
	盈利測試	市值 / 收益測試	市值 / 收益 / 現金流量測試	
盈利	最近一年盈利至少 2,000 萬港元，及前兩年累計盈利至少 3,000 萬港元所指盈利不得為主營業務外的非經常性收入	-	-	不適用
市值	上市時至少 2 億港元	上市時至少 40 億港元	上市時至少 20 億港元	上市時至少 1 億港元
收益	-	最近一個經審計財政年度至少 5 億港元	最近一個經審計財政年度至少 5 億港元	不適用
現金流	-	-	前 3 個財政年度營運業務的現金流入合計至少 1 億港元	經營業務有淨現金流入，於前兩個財政年度合計至少達 2,000 萬港元
股東	上市時最少 300 人	上市時最少 1,000 人	上市時最少 1,000 人	上市時最少 100 人

2. 管理層，擁有權和控制權連續性

	主板	創業板
管理層	公司須至少前 3 個年內部管理層維持不變	管理層在最近 2 個財政年度維持不變
擁有權和控制權	公司須在最近一個經審核的財政年度內擁有權和控制權維持不變	最近一個完整的財政年度內擁有權和控制權維持不變

上市時間表及程序流程

香港上市程序由籌備至掛牌交易，一般至少需要 6 至 9 個月的時間

第一階段：上市前期籌備工作

前期準備工作	重組	文件準備	監管審批	估值
• 項目組織 • 盡職調查 • 選定中介團隊 • 與監督部門溝通	• 制定及執行重組計劃 • 建立上市公司管理架構	• 招股書編寫及驗證 • 完善投資故事和業務計劃 • 審計和物業評估	• 國內監管審批 • 香港聯交所，香港證監會的審批 • 回答監管機構的問題和補充文件 • 上市委員會聆訊	• 進行盈利預測及現金流預測 • 建立估值方法並進行估值

3. 自由流通率要求

主板	創業板
<ul><li>一般要求自由流通率達到 25%</li><li>分散股東基礎 - (i) 至少有 300 名股東, (ii) 最大的 3 家公眾股東持有不超過 50%的自由流通股</li><li>上市公司中非關連人士所控股股若在 10%以下,該部分股份根據主板定義,為自由流通股</li></ul>	<ul><li>公眾不論何時至少持有發行人已發行股本總額的 25%,其市值不得少於 3,000 萬港元</li><li>上市時必須至少有 100 名公眾股東</li><li>由持股量最高的三名公眾股東實益擁有的百分比,不得超過上市時由公眾人士持有的證券的 50%</li></ul>

第二階段:市場推介和定價

- 分析師推介會
- 銷售團隊教育
- 預路演
- 確定目標投資者
- 管理層路演
- 投資者訂單
- 定價
- 配售
- 上市

第三階段:後市支持

- 超額配售權的使用
- 後市交易支持
- 投資者關係工作
- 後市研究覆蓋

上市申請涉及多方專業人士，在申請上市過程中各司其職，以下是新上市涉及的各個關鍵機構：

1. 保薦人

計劃上市的公司必須委任合適的保薦人。保薦人必須是香港證監會許可或登記的公司或授權的財務機構。保薦人負責為新申請人籌備上市事宜，將正式上市申請表格及一切有關的文件呈交交易所，並處理交易所就有關申請的一切事宜所提出的問題。

在委任保薦人之前，公司務須與多幾家保薦人會晤，以評估他們是否適合作為公司的上市保薦人。公司應挑選可就上市程序各方面提供全面及公正意見的保薦人。

2. 申報會計師

所有會計師報告，均須由具備《專業會計師條例》所規定可獲委任為公司核數師資格的專業會計師編製。該等專業會計師須獨立於發行人。

申報會計師負責審核公司的財務記錄及財務狀況，並根據相關會計準則及監管指引編製新申請人的集團賬目，使準投資者能作出充份掌握資料的投資決定。

3. 法律顧問

法律顧問負責確保新申請人遵照各個相關司法管轄區的法律，並與保薦人及申報會計師就新申請人須進行的重組事宜緊密合作。

4. 包銷商／配售代理

一般為證券行及交易所參與者，負責在股份發售期間分銷公司的證券。包銷商須包銷投資者未有認購的股份。

5. 估值師

新申請人須在上市前委任估值師對其物業進行估值。公司亦可委任估值師對公司的其他資產進行估值。

6. 存管人

所有的預託證券發行人必須委任存管人。存管人必須是本交易所接納的財務機構，由預託證券發行人委任和授權，作為發行人的代理人負責預託證券的發行及取消。存管人通過其委任的托管人，代表預託證券持有人的利益，也持有預託證券所代表的股份。

4. 選擇在香港上市的優勢

作為亞洲區內第二大的金融中心,香港不僅擁有完善的法律制度和監管架構,更沿用符合國際標準的會計準則;加上網絡遍及全球的銀行體系,令資金和資訊均全面流通且不受限制,配以先進完善的交易、結算及交收設施作為後盾,向來是國際投資者的集資和投資平台。作為中國的一部分,不少國際投資者均視香港為進入中國內地的門戶,而內地企業則可通過來港上市集資,以擴展業務踏足國際市場。其擁有的優勢,可體現在下列各方面:

• 通往中國內地及亞洲其他地方的門戶

香港與中國內地以至亞洲其他經濟體都有緊密的商貿聯繫,享有位處高增長地區之利。香港是國際公認的金融中心,精英雲集,其證券交易所為眾多亞洲公司及跨國企業提供了上市集資的好機會。

• 中國內地的增長

中國內地市場急速增長,公司企業要涉足其中,盡握中國晉身環球經濟

強國所提供的種種機遇,香港是最理想的地點。

• 法制健全並具公信力

香港的法律體制以英國普通法為基礎,法制健全,為企業籌集資金提供堅實的基礎,也有助增強投資者的信心。

• 國際會計準則

我們採用《香港財務報告準則》及《國際財務報告準則》。在個別情況下,特別是在港作第二上市的個案,我們也接納公司採用《美國公認會計原則》或其他會計準則。

• 完善的監管架構

香港交易所的《上市規則》符合國際標準,我們的上市公司要作出高度的訊息披露。國際標準的企業管治規定可確保投資者能夠適時獲取上市公司的資料,隨時評估公司的狀況及前景。

• 資金自由進出

香港是全球最開放的市場之一。

香港不設資金限制，貨幣可自由兌換，證券可自由轉讓，並提供許多稅務優惠，對公司企業和投資者都很具吸引力。香港是全球最開放的市場之一。香港不設資金限制，貨幣可自由兌換，證券可自由轉讓，並提供許多稅 務優惠，對公司企業和投資者都很具吸引力。

• 國際化資金及更多的合規金融產品種類

香港證券市場較國際化，有較多機構投資者，海外及本地機構投資者成交額約佔總成交額的 65%（分別為 39% 及 26%），海外投資者的成交額更佔總成交額逾 40%。對於優質企業，有助進一步開拓海外市場。而在產品種類方面，香港證券市場提供不同類別的產品，包括股本證券、股本認股權證、衍生權證、交易所買賣基金、債務證券等，讓企業有更大靈活性吸納不同風險偏好的投資者。

• 先進的結算交收設施以及金融服務

香港的證券及銀行業以健全、穩健著稱，亦擁有穩固的交易、結算及交收設施。

• 中國內地企業的本土國際市場

香港是中國的一部分，是中國內地企業尋求在國際市場上市的首選地方。統計數據顯示，中國內地企業在香港及中國境外其他市場雙重上市，其絕大部分的股份買賣均在香港的證券交易所進行。

第二章

部署出擊 關鍵角色決定表現

1. 選中旗手一切化繁為簡
   保薦人和包銷商

在公司上市過程中，最主要的兩個「旗手」是保薦人和包銷商。一個是協助上市，一個是負責經銷，二者缺一不可。在現實中，股票發行的保薦人，又往往是發行人上市的包銷商。

保薦人

　　保薦人與包銷商合作無間，不少投資人會將兩者混淆。保薦人為申請上市的公司提供企業融資意見，而且監督公開招股過程，確保招股有秩序進行，負責與聯交所處理有關申請上市程序；至於包銷商，則負責股份銷售部份，包括公開發售及國際配售，在特殊情況下，包銷商會包銷所有未獲認購之新股。即除了能夠協助上市的保薦人外，能否成功把股票推銷出去，還需要包銷商的力量，才能最終達到公司的目的。

　　計劃上市的公司必須委託合適的保薦人。保薦人必須是香港證監會許可或登記的公司或授權的財務機構。保薦人負責為新申請人籌備上市事宜，將正式上市申請表格及一切有關的檔呈交交易所，並處理交易所有關申請的一切事宜所提出的問題。在委任保薦人之前，公司務需與多家保薦人會晤，以評估他們是否

適合作為公司的上市保薦人。公司挑選選可就上市程式各方面提供全面及公正意見的保薦人。

正所謂：「不怕神一樣的對手，只怕豬一樣的隊友。」選對了保薦人就是讓公司在上市的過程中變得更為順利，協助公司更好地完成上市。怎麼選擇保薦人就變得更為關鍵。

保薦人除了要負責為企業籌備上市活動、進行架構重組以增加吸引力外，若企業是屬於創業板類別股份的話，保薦人更要在上市後首兩年擔任企業的監察人，主要是因為企業在上創業板時，並沒有規定需要有盈利紀錄，為了保障小股東的利益，保薦人便成為了確保企業會按照計劃發展的機制。

交易所要求保薦人負責監察企業在上市後兩年內的活動，若在該段監察期內企業出現問題，保薦人便會受到處罰。不過，這個安排仍未必能夠保障到小股東的利益，尤其是企業的日常決策仍然是由管理層負責。另外，部份企業之主要業務是在本港以外，令到保薦人難以無時無刻監察企業的運作，加上保薦人對企業之運作未必熟悉，亦會令監察產生困難，所以要杜絕企業的違規活動，並不容易。

因應有關監管首次公開招股保薦人的問題，證券及期貨事務監察委員會（證監會）在 2012 年 5 月 9 日發表了一份《諮詢文件》，邀請公眾就多項旨在改善香港的保薦人監管制度的建議發表意見。《諮詢文件》邀請各界就兩大範疇發表意見：(i) 保薦人操守的監管制度；及 (ii) 有關保薦人法律責任的立法修訂。最終接獲 71 份書面回應，分別來自保薦人商號、投資者界別、律師、會計師及多個企業管治機構，當中六名回應者是保薦人商號、投資銀行或退休基金團體的代表。

從《諮詢文件》可以對於保薦人的工作、責任、市場及投資者對其期望，以及近年來監管機構對其要求改變的趨勢。一切說明保薦人的好與壞，直接關係到企業上市的表現及風險承擔責任。

包銷商

新股上市法例是要有包銷商，包銷的作用是認購不足時，要購買不足之數以助企業完成程序。作為協助企業集資其中主力成員，以其專業，更重要是衡量估計價值若及當時市場接受程度，而與上市公司決定一個「最合適」的招股價。

包銷有總包銷商，一般是保薦人及經辦人等公司；此等包銷商可把承包

數目分發給其他人承擔，稱為分包銷，分包銷亦可按需要再分包銷出去，所以 Underwriting 之後有 sub-underwriting，sub-sub underwriting... 所有包銷及分包銷的責任是承擔購買公開認購不足之數，報酬是包銷費，總計約是集資額的 3.5-4%。在一般過程中，此費用也會拆給分包銷，分包銷再拆給再其後的分分包銷，務求有更廣的股東基礎。包銷一層層發放到較小數目，風險分散之餘，包銷關聯證券商的客戶也因此受惠。

要是市況不佳，招股認購不足，保薦人及牽頭人公司仍有選擇權，可以取消上市，因為簽合約時有一條款 Force Majeure — 絕對權力，亦可簡譯作不可預知抗拒而導致不能履行合約。

2. 申報會計師的角色

上市規則要求

　　港交所要求新上市申請人在招股章程中提供會計師報告。除了其他事宜外，必須在會計師報告中，提供上市申請人過往營業期間的財務資料。上市申請人在招股章程中包括備考的財務資料及／或盈利預測，他們必須找一名獨立會計師（通常是申報會計師）匯報資料，而他們的報告必須包括在招股章程中。一般而言，上市申請人須聘用申報會計師同時審查並匯報其他應包括在章程的事項，如該上市集團的債項。

資格

申報會計師應符合專業會計師條例下公司委任核數師所要求的資格,並遵照香港公司條例對核數師的要求和根據港交所發出的獨立於上市申請人及其關連公司的要求。

香港公司條例第三附表在由專業會計師發出的不同報告中使用「核數師」和「會計師」的專門用語。曾有人對這些混淆。核數指引第 3.340 號第 3 段詮釋主板上市規則第 4 章和創業板上市規則第 7 章所指的「申報會計師」報告通常由該申請人的法定核數師編製。儘管港交所對專業會計師擔任申報會計師沒有審核程序或要求,但港交所對申報會計師的能力和質素有嚴格質素管理,以保障當公眾參考申報會計師申報的資訊作投資決定時的利益。港交所對是否擁有會計師有首次公開上市經驗會是其中一個考慮因素。

除規例外,因為申報會計師能協助申請人在整個申請過程中解決實際上的問題,他們可說是使首次申請首次公開上市成功的主要組成部分。

參與準備招股章程

公眾人士可能認為申報會計師參與新上市申請人的上市團隊是因規例要求。事實上,申報會計師能對首次公開上市有顯著的貢獻。計劃首次公開上市之前,公司需要一個獨立的會計師建議有關財務匯報的事宜。例如,設計團隊架構時有申報會計師參與可避免意外。例如大部分中華人民共和國企業傾向不根據香港財務報告準則(HKFRS)、《國際財務報告準則》(IFRS)或中國企業會計準則(CASBE)保存紀錄。如果企業沒有申報會計師協助它們,由當地的會計準則轉向這些準則可能對這些企業太嚴苛。申報會計師如有充分首次公開上市成功的經驗,可幫助上市申請人訂出一個可行 的時間表和規例要求就他們專業方面提供寶貴意見。

新申請上市的過程中,申報會計師的主要職責是在招股章程中報告公司過往或預測的財務或非財務資訊。其中有些報告會列於招股章程內,然而有些報告則沒有載列。港交所要求草擬招股章程內的資料必須完整,並連同上市申請表(申請證明)一同提交,一些只能在較後時間擬備及納入的資料除外。應交付的文件 — 紀錄有關營業期內財務資料和備考財務資料的會計師報告,列

明有關營運資金是否充足的告慰函、債項、盈利預測及其他事宜。

會計師報告

申報會計師負責對財務資料給予意見，評定每個時期的現金流量及期末的財務狀況是否真實和公平。因應所有新上市公司，申請人應在招股章程包含一份聲明，申報支持每類証券的有形資產淨值。這聲明應包括預備發的行新股，如招股章程所述，並將被視為備考財務資料。

招股章程裏的有形資產淨值的聲明是為了向用家提供有關申請人於港交所上市的股票（以及將發行的新股，如適用）的資料。如交易在營業紀錄期末（或匯報期末段，如適用）進行，聲名可向用家展示股票如何影響上市申請人的財務資料（編制備考財務資料是上市申請人董事的職責）。

盈利預測

上市規則要求預測利潤和現金流備忘錄與上市申請一同提交。上市規則和第三附表並無要求將盈利預測列入招股章程，但上市申請人可自願列入。對此，上市申請人應審慎理解上市規則下

現金流預測的意思。如一些招股章程內的資料被視作盈利預測，上市申請人應僱用申報會計師審視和匯報該預測。

在準備上市文件時，「盈利預測」是指任何預測利潤或虧損，並包括任何明顯或不明顯地量化未來利潤或虧損預期水平的聲明。這些預測可明示或參照以往的任何利潤報表或損失，或任何其他基準或參考點。它還包括過去財政期間任何尚未經審計或發表的估計利潤或虧損。任何估值，包括資產（不包括土地和建築物除外），或由發行人基於預期現金流或利潤，盈利或現金流而收購企業的業務，也將被視為盈利預測。出現在任何上市文件的盈利預測必須清晰明確，並須列明其所依據的主要假設，包括商業假設。準備 盈利預測時，必須與上市申請人一貫的會計政策在某種程度上一致。主板上市規則 11.19 及創業板上市 規則 14.31 載有與假設相關的進一步規定。

上市申請人董事需要為盈利預測的假設，盈利預測的編制和發佈負上全權負責。申報會計師將負責審查和報告預測的會計政策及和計算。他們必須為盈利預測作出報告。雖然申報會計師不需為盈利預測的假設作出報告，但根據香港會計師公會頒布的核數指

引第 3.341 號「關於會計師報告的盈利預測」，如上市申請人的假設對他們來說似乎不現實，或者如果有任何重要的假設被省略，申報會計師應在其報告中加入適當的評論。

港交所亦要求申報會計師在確認書上表明不會對申請證明內的會計師盈利預測報告中作出重大調整。

負債聲明和其他流動性披露聲明

在招股章程中必須包括一份聲明，列出上市集團在最近的可行日期的貸款資金、借款、抵押或收費、負債和或然負債或擔保（負債報表）的細節，或適當負面的聲明（主板上市規則／創業板上市規則 A 部分附件 1 第 32 段）。

上市規則還要求招股書包括一份對在最近的可行日期上市申請人的流動性，財務資源及資本結構（其它流動性披露）的評論（主板上市規則／創業板上市規則 A 部分附件 1 第 32 段）。港交所指引信 HKEx38-12 規定，負債表及其他流動性信息披露的申請版本的最近的可行日期不可超過申請版本的日期之前的兩個日曆月。於最終招股書中，負債和其他流動性披露聲明中的信息的最後更新日期不可超過最終招股書

日期前的兩個日曆月。

準備負債和其他流動性披露聲明是上市申請人董事的責任。雖然上市規則並沒要求，申報會計師通常會為聲明和披露作出報告。注意申報會計師的參與並非審計，因此會計師所採取的程序不一定能透露所有有關這些披露的重要事項。鑑於列明借款和負債，及其他流動性披露的日期通常並非在會計期末，無可避免地，申報會計師需要靠上市申請人董事在陳述書中所申報的金額作為聲明完整的陳述。凡受僱的申報會計師，呈交給上市申請人（和保薦人）董事的報告一般為私人信件，通常在完成招股書的最終版本時發表。按照保薦人的慣常做法，申報會計師可能會被要求為申請版本內的負債聲明和其他流動性披露提供附加報告。

營運資金充足聲明

上市規則要求上市申請人在招股書中表明，他們認為上市申請人的營運資金足夠由公佈招股說明書之日起至少 12 個月；或，如果他們認為營運資金不足，需提供建議，說明董事（董事聲明）認為如何在必要時補充流動資金。為了滿足這一要求，董事將編制現金流預測，並將基本假設記錄在董事會的會

議紀錄中。

將招股書進行批量印製前，主板上市規則 8.21A 或創業板上市規則 12.23A（1）要求保薦人向港交所提交書面確認以下事項：他們滿意（i）在上市申請人審慎周詳查詢後，董事關於營運資金是否充足的意見；及（ii）提供融資的人或機構書面聲明確認有關的融資存在。

港交所要求，保薦人的確認應根據下列幾項元素進行：保薦人自己的盡職調查，上市申請人對董事聲明的確認，及申報會計師對上市申請人的確認。上市規則並沒有列明有關申報會計師須在他們的確認中涵蓋的事。為了對保薦人的確認安心，申報會計師將審查董事採取的假設，比較現金流的預測與提供給上市集團的安排和資源，及檢查預測的精算程度。申報會計師的確認將交予上市申請人，並抄送予保薦人、港交所及證監會。

其他事宜的告慰函

除了負債表，其他流動性披露和營運資金充足聲明的告慰函外，申報會計師也可被保薦人要求協助他們進行盡職調查或執行程序，就招股章程中的某些信息的完整性，如其他財務資料和過往財務資料的 後續變化，提供協助。這是保薦人的個別委聘，並不受制於上市規則。

保薦人會對以下事項作出確定：需要為哪些資料提供協助，為該資料提供協助的步驟，及需要完成告 慰函的日期。申報會計師如對相關事宜有足夠的知識，他們便會接受委聘。關於財務資料，工作性質 是根據與保薦人的協定履行程序，並根據由香港會計師公會發行的香港相關服務準則第 4400 號「就財務資料執行協定程序的聘用協定」匯報事實。會計師無須就匯報事宜向保薦人給予任何保證。

就在過往財務資料的後續變化，慣常做法是申報會計師按照 HKSAE 3000「鑑證業務以外的審計或歷史財務信息評價」提供有限保證。確定合適程序是保薦人的責任，根據上市規則，申報會計師進行的工作並不會免除保薦人的責任。申報會計師將向保薦人提供一份非公開的私函。

同意書

申報會計師必須提供，並不可撤銷，對於發行招股章程及會計師報告所

程現的形式和內容的同意。

AG 3.340 第 60 段全面總結了申報會計師簽署同意信前應注意的事項。該段如下轉載：

「財務和其他資料都包含在整個招股書，並不僅在會計師報告。申報會計師的報 告責任並不超出自己的報告，但他應該將文件視作整體考慮。他應該確保招股書 內沒有和其報告中的信息不一致，而他應注意的所有相關事項都得到了妥善的體現。尤其是，他應該採取行動令自己知道招股書草擬過程中出現的所有主要問題。只有他滿意報告出版的形式和內容時，才應同意把他的報告在招股書出版。」

（資料來源：香港會計師工會《香港首次公開上市手冊 -2015》）

[四大會計師事務所]

公司上市一般會聘用具規模會計師事務所作為申報會計師，為人熟悉的四大會計師事務所分別是：

普華永道
(Pricewaterhouse Coopers)

畢馬威
(KPMG)

德勤
(Deloitte Touche Tohmatsu)

安永
(Ernst & Young)

3. 如何選擇 IPO 輔導機構

「品牌」突顯經驗

提到 IPO 輔導機構，選擇能幫助其成功完成首次公開招股的保薦人、顧問和承銷商就是重要角色。與決定上市和選擇上市地點一樣，也是任何擬上市公司最重要的決策之一。保薦人一般在 IPO 過程中擔當較高級的角色，負責管理整個 IPO 過程，包括與監管機構聯絡，而承銷商則負責定價、市場推介以及向世界各地的投資者說明 IPO 的定位。

尤其重要是在香港競爭激烈的市場中，面對更多國際機構投資者，擬上市公司向整個投資界進行市場推介以及建立投資者對交易的信心時，銀行的角色越來越重要，對投資者和監管機構兩方面所發揮的作用也變得更為顯著。在香港，擔任上市項目保薦人和承銷商的投資銀行，其資歷和經驗正是交易背後的「品牌」，並且在許多方面，對機構和散戶投資者而言，這些資歷和經驗就是對擬上市公司的公開認可。

每家潛在牽頭保薦人或主承銷商，不僅對任何 IPO 的成功至關重要，而且各有不同的風格和實力。一般來說，假如擬上市公司未來決定再次進入資本市場募集更多資金，IPO 承銷商多數也會參與公司未來的證券發行項目。規模較大、業務較多元化的擬上市公司自然會選聘規模較大、較多元化的承銷商，例如華爾街內表現最佳的大型投資銀行。規模較小的公司通常（但也並非必然）與本地或地區性保薦人合作。然而到最後，市場對擬上市公司選擇哪家保薦人的看法非常重要（不論是多麼扭曲或錯

誤）：承銷商的聲譽越好，擬上市公司的定價能力最強。擬上市公司在評審候選保薦人和承銷商時，應該熟悉保薦人和主承銷商負責的關鍵任務範圍，包括但不限於安排路演和投資者推介、聯繫監管機構、編制發行文件、設計承銷團結構 — 承銷團負責徵詢一系列機構客戶的投資需求。擬上市公司也應熟悉優秀承銷商的質素和特點。這些特點包括投資銀行如何根據目標上市地點的特徵和特性設計特定交易的知識、對目標市場的投資界及其相關口味、偏向和偏好的了解，以及為交易定價，締造最強勁的需求及爭取最大回報的業績記錄。

此外，擬上市公司必須確保將會小心處理所有潛在利益衝突，包括實際已存在和察覺到可能產生的利益衝突。在後金融危機時代，香港及全球市場的監管機構都提高了警惕。發行人必須謹慎處理保薦人和承銷商與擬上市公司的關係，潛在投資者可能會視某些關係為利益衝突，可能會破壞保薦人的獨立性，並且對發行項目的真正價值表示懷疑。在香港上市，承銷團中最少要有一家保薦人能夠向港交所聲明其獨立於擬上市公司。不符合規定的後果往往是立竿見影及影響深遠的。近年來，證監會曾經發現一些經紀行在首次公開招股前未有進行充分的盡職調查，因此而吊銷其上市保薦人牌照 — 這必然也會破壞擬上市公司的聲譽和公眾對擬上市公司的看法。

清楚了解保薦人和承銷商的角色和職責之外，擬上市公司也不應期望過高。公司必須謹記，早在首次公開招股正式推出之前已有可能產生龐大的行政開支，而且不保證最終必定能成功上市。市場上充斥著由於

期望錯配、溝通問題和公司與顧問不相配而導致上市失敗的例子 — 顧問包括但不限於牽頭保薦人和主承銷商，還包括證券法律顧問、法律專家、會計師、投資者關係團隊、報酬專家和溝通顧問公司等。擬上市公司未能完全理解監管目標市場的獨有規章制度，因而對上市程序感到洩氣的情況並不罕見。當然，溝通問題往往也源於另一方，顧問專家可能沒有做好本份，沒有向發行人提供必要的知識。

擬上市公司也應該謹記保薦人和承銷商將會調查其公司，確保所有賬簿和記錄完全符合所有既定規則和程序，並且根據所選擇的上市地點之會計和合規標準來編製。除了其他盡職調查要求外，保薦人和承銷商還會要求查看擬上市公司的財務預測，與擬上市公司的高層管理團隊面談，檢查所有財務報告，甚至進行資產驗證，例如視察工廠和店舖地點等等。雖然市場最終會根據公司的優點來作出判斷，但是與盡心盡力的夥伴和銀行家合作，可確保這些優點以最好的一面，以及最重要的是以適當的語氣和方式傳達給適當的受眾。因此，發行人必須仔細評估潛在合作夥伴和顧問，切勿急於作出決定，必須從多個角度進行嚴格的盡職調查。為了促銷自己，許多顧問會以最討好的一面來介紹

自己的業績記錄。如何確定哪些保薦人和承銷商最有能力幫助公司成功上市，將由擬上市公司自行決定。

像任何行業一樣，經驗是不可以捏造或假裝的關鍵因素。所以不應看輕過往的表現，一家保薦人或承銷商的業績記錄及其在排名榜的位置，也許是最能反映該行是否有能力在香港這種競爭激烈的市場上幫助擬上市公司籌備和成功完成發行的最佳指標。過去曾經在同一市場和行業執行 IPO 的經驗是一個有力因素，因為這證明該行對上市環境有親身的體驗和了解，以及 — 縱使不是更重要，也是同等重要的 — 對潛在投資者對上市公司的興趣、看法和需求的認識。

發行人也應考慮承銷商過去有否承銷過類似規模的交易。習慣承辦大型交易的大型投資銀行可能不會注意規模較小的發行，而那些專注於小型 IPO 的投資銀行則可能無法滿足大型交易對各種能力的需求，或者沒有能力應付大型交易的複雜性。過去曾經參與無論在結構、規模、行業或質量方面都具有里程碑意義的交易之經驗，也是潛在承銷商能力和技術的有力證明。

另一個重要問題是，擬上市公司的潛在保薦人和承銷商是否擁有在真正全球範圍內創造投資者需求的能力。在現今的環境中，香港市場通常預期新上市項目在推出市場時已獲得相當多的投資承諾，而這些承諾不單取決於公司的前景和整體宏觀經濟環境，還取決於銀行和顧問對潛在基石投資者和錨定投資者所發揮的影響力，以及這些投資者對銀行和顧問的信任度。理想的合作夥伴應擁有向廣泛的全球投者推介發行項目的能力和平台，以及與大型企業、主權財富基金及日益重要的專業或非傳統投資者，包括家族理財公司和高淨值人士的人脈關係。

除了創造不同類型的投資者需求之外，承銷商還必須有能力成功宣傳推介 IPO，這需要全面的銷售、分銷網絡和資產，包括銷售和銷售交易。銀行銷售、分銷團隊的規模和實力應被視為衡量其能否成功執行上市項目及定價的一個主要指標，因為在很大程度上，IPO 價格區間是根據在交易前市場推介階段收集的投資者反饋意見來確定的。

潛在發行人也應花時間與實際參與發行工作的投資銀行團隊會面，確定他們的願景和策略與發行人相一致，以及確定實際參與發行工作的團隊是競逐 IPO 項目時的同一隊「一流團隊」。投資銀行有時會派出舉足輕重的人物和要員來競逐 IPO 項目，務求贏得 IPO業務，卻把交易的日常監督和管理工作委派給一群經驗較少、資歷較淺的人員。不論誰人參與交易工作，處理交易的銀行家們都應該令擬上市公司的管理團隊感到滿意，並且與他們建立密切的關係。全體各方之間的信任是任何成功上市的

關鍵所在，這一點可謂不言而喻。

　　最後，對於任何保薦人或承銷商而言，帶領任何 IPO 成功完成上市都是值得表揚的成就，但是在不利市況下成功執行交易和定價才是對銀行實力、網絡和能力的一個真正考驗。因此，擬上市公司應該尋找 在艱難時期和牛市都能成功推出廣受歡迎的首次公開招股的 合作夥伴。在市場阻力下仍能取得成功乃任何一家銀行的實力和質素之最佳證明。

（資料來源：香港會計師工會《香港首次公開上市手冊 –2015》）

截至 2016 年 10 月 21 日

保薦人十大排名（根據兩年內參與數目排序）

保薦人	參與數目	首日上升數目	首日下跌數目	平均首日表現 (%)	平均累積表現 (%)	最佳表現公司	首日表現 (%)[1]	最差表現公司	首日表現 (%)[1]
中國國際金融香港證券	14	6	8	-0.11%	– 5.88%	中廣核電力	+19.065%	長飛光纖光纜	– 9.202%
國泰君安融資	13	11	2	+150.93%	+466.76%	雲裳衣	+966.67%	弦業期貨	– 18.93%
海通國際資本	13	11	2	+11.68%	+14.61%	中國優質能源	+130%	魯証期貨	– 24.699%
摩根士丹利亞洲	13	8	5	+0.04%	-7.29%	維珍妮	+16.07%	高偉電子	– 9.882%
高盛(亞洲)有限責任公司	11	8	3	-0.93%	+5.68%	廣發証券	+34.748%	環球醫療	– 38.875%
美林遠東	11	7	4	-2.92%	-5.58%	中廣核電力	+19.065%	親親食品	– 65.83%
大有融資	10	10	0	+870.81%	+202.03%	立基工程控股	+1900%	–	–
中信里昂證券資本市場	9	6	3	+2.33%	+11.69%	康寧醫院	+26.873%	鐵建裝備	– 10.095%
瑞銀證券香港	9	4	5	-4.7%	-20.93%	福耀玻璃	+13.095%	富貴生命國際有限公司	– 30%
中國光大融資	9	6	3	+43.16%	-6.12%	智傲控股	+200%	中國育兒網絡	– 15.108%

（資料來源：阿思達克財經網 www.aastocks.com）

興業金融融資有限公司
董事總經理兼投資銀行部主管鄭大雙（Derek）

第三章

出色 IPO 的重要元素

上市有其顯著的好處,但是上市也是有風險的。要想成功地上市,企業還必須做到以下幾點:

- 在正確的時間上市;

- 有合適的保薦人、投資銀行和財務顧問幫助他們上市;

- 在正確的證券交易所上市;

- 有合適的包銷商助企業以合理價格將股票售予投資者

1. 選對「合適夥伴」

正如前兩章所説,對於公司安排上市的整個過程是否順暢及成功,保薦人及包銷商有著舉足輕重的地位。論近年在港的 IPO,中資機構在保薦人角色上所佔的比例一直增加。本章訪問到興業金融融資帶限公司董事總經理兼投資銀行部主管鄭大雙(Derek),讓大家透徹了解「出色 IPO 的重要元素」。

鄭大雙（Derek）：

保薦人需要根據有關條例的要求，對擬上市企業的業務、財務、主要客戶、主要供應商、主要資金來源用途、對募集資金等方面進行詳細深入的了解。

作者：在保薦業務上，能否從功能上簡述與你們最密切的合作單位？

鄭大雙（Derek）：

除了擬上市企業外，主要有以下單位：

（a） 法律顧問：針對擬上市企業自身的企業及業務方面的法律問題以及上市過程中所遇到的法律問題提供意見。

（b） 審計師：對擬上市企業的財務報表進行審計。

（c） 內控顧問：針對擬上市企業的內部管控的規章制度與流程操作進行審閱並提出修改建議，以確保符合上市規則的要求。

（d） 行業顧問：針對擬上市企業所處行業的現狀及未來發展趨勢提供專業分析。

（e） 其他緊密合作的專業團體還包括物業評估師，財經印刷商等。

鄭大雙（*Derek*）：

頻密的交往，確衍生更多機會。中資企業已佔新上市企業總數的更大比例，保薦人借香港上市平台，為它們擔當面向國際的橋樑。

挑選企業上，了解國家政策是關鍵。只因投資者較為關注這些政策鼓勵扶持的行業／企業，如環保、互聯網、醫療等行業，因為這些範疇在國家政策的扶持下會呈現更多的機遇與增長潛力。

本地股票市場的交易活動

正如鄭大雙在上述訪談內容提到，香港股市作為企業上市目的地，確具優勢。據香港交易所發行的香港上市雙月刊數據指出，2015 至 2016 年上半年股票市場的交易活動表現良好。於 2015 年，本地股市交投增加，平均每日成交額達 1,056 億元，較 2014 年 695 億元的水準上升 52%。

而對於中國的公司來港上市，更是不二之選。從內地在本地掛牌企業，其股份仍然是交投最活躍的股份類別。

2015 年，內地股份佔市場總成交額的 36%（2014 年佔 37%），而恆指成分股（H 股及紅籌股除外）則佔市場總成交額約 13%（2014 年佔 17%）。2016 年上半年，內地股份佔市場總成交額的 32%（2015 年下半年佔 35%），而恆指成分股（H 股及紅籌股除外）則佔市場總成交額約 18%（2015 年下半年佔 14%）。

香港新上市公司統計

香港在 2015 年有 124 宗首次公開招股，總集資額達 2,613 億元，而

2014 年則有 115 宗首次公開招股（總集資額為 2,325 億元）。在 2015 年，內地公司透過首次公開招股籌集的資金佔市場總集資額的 92%。香港的首次公開招股活動在 2015 年全球排名第一，在 2014 年及 2013 年均全球排名第二。

香港在 2016 年上半年期間有 38 宗首次公開招股，總集資額達 436 億元，而 2015 年則有 124 宗首次公開招股（總集資額為 2,613 億元）。在 2016 年上半年期間，內地公司透過首次公開招股集資的資金佔市場總集資額的 91%。

香港交易所是非常具有吸引力的集資市場。從 2014 年及 2015 年兩年時間，香港首次公開招股集資額在全球排名分別是位於第二位和第一位，2015 年 IPO 集資額達 335 億美元。

公司主要劃分為有這 7 大類型行業：能源、原材料、工業製品、消費品製造、服務、電訊、公用事業、金融、地產建築、資訊科技、綜合企業、基金、衍生工具 / 優先股。

首次公開招股集資額全球排名（2015年）

#	交易所	首次公開招股宗數	餘資額（億美元）
1	**香港**	**138**	**335.0**
2	紐約	60	196.9
3	Nasdaq	147	180.4
4	倫敦	85	175.0
5	上海	87	174.7
6	東京	97	156.7
7	馬德里	12	93.8
8	深圳	127	80.5
9	德意志交易所	21	78.4
10	阿姆斯特丹 （泛歐交易所）	9	77.1

資料來源：Dealogic 及香港交易所 2015 年 12 月份報日資料

香港交易所在首次公開招股集資額方面續創佳績，全球排名首位，
連續 13 年位列全球五大。

不同行業的首次公開招股集資額佔比（2015年1月至 12 月）

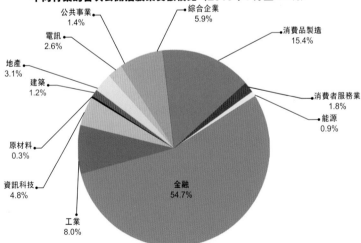

* 由於四捨五入的關係，百份比相加未必等於 100.0%

在香港交易所上市的發行人來自各行各業。2015 年以金融及消費品製
造業的集資金額最多。

2. 捉緊最佳時間作融資安排

選擇上市的時機是中小企業面對的重要的問題。對這個問題的回答，任何時候都不要回答「愈快愈好」。想儘快上市是常犯的錯誤，對企業家來說代價是非常高的。上市一個大的好處是：企業獲得了便宜及有效的融資手段來擴大企業規模。在香港上市時，企業的相對估值一般在 7 至 20 倍市盈率，同時按企業的具體行業及業務，具體的市盈率有高低區別。但是上市前，私募投資者一般不會以高於 8 至 10 倍市盈率的價格購買企業股票。

因素一：企業估值

　　既然企業的相對估值—市盈率，是等同利潤的倍數。那麼很容易理解企業在上市的時候，能爭取定價於高市盈率會更理想，因此估值決定了較大的融資金額數目。

舉例子說明：假設企業上市前一年的利潤是 7,500 萬元，IPO 時的市盈率是 15 倍，那麼企業的市值可以達到 11.25 億元，出售 25% 的股權可以融資約 2.8 億元的資本。如果該公司推遲 IPO，同時通過私募融資 5,000 萬資金擴大經營、增加利潤，則一年以後當利潤達到 1.2 億元時，企業的相對市盈率估值則可達到 18 億元，而同樣出售 25% 的股權可以獲得 4.5 億元，股權價值增加了 60%。

通過 IPO 獲得的融資愈多，企業就獲得愈多未來發展的空間，而這正是 IPO 後企業營運及股價表現的重要指標。通過延遲上市，企業的規模和利潤同時提升，企業就會獲得更多的融資，並在今後產生更大的效益。一個企業只有一次機會上市，所以選擇上市時機非常重要。如果一個企業上市過早，那麼這個企業就無法獲得足夠的資金來支持未來的發展。

對於好的上市時機，業界早已經有很多研究和分析。廣泛被接受的觀點是，中小企業好的上市時機是在企業進入成熟期的時候，也就是增速開始減慢的時候，而不是在高速增長的時候。

在上市之前的一輪私募股權融資，目的是讓企業老闆獲得所需資本迅速發展企業、優化戰略、擴大規模及增長利潤，為日後的 IPO 進行充分的準備，並以充足的資本等待進入市場的好時機，這樣在上市的時候企業就會以更高的價格出售公司股份，在出售相同股份的情況下，也就可以融到更多的資本用於後續的發展。在一個優秀的私募基金的幫助下，企業在上市時的股價要遠遠高於沒有私募融資的情況下，這是一個企業和私募基金雙贏的結果。

因素二：融資決策的原則

一、收益與風險相匹配原則

企業融資的目的是將所融資金投入企業運營，最終獲取經濟效益，實現股東價值最大化。在每次融資之前，企業往往會預測本次融資能夠給企業帶來的最終收益，收益愈大往往意味著企業利潤愈多，因此融資總收益最大似乎應該成為企業融資的一大原則。

然而，「天下沒有免費的午餐」，實際上在融資取得收益的同時，企業也要承擔相應的風險。對企業而言，儘管融資風險是不確定的，可是一旦發生，企業就要承擔百分之百的損失了，因此企業在選擇融資方式時，應充分權衡各種融資方式下的收益與風險，盡可能做到融資總收益最大化，而融資風險最小化。

中小企業的特點之一就是規模小，抗風險能力低，一旦風險演變為最終的損失，必然會給企業經營帶來巨大的不利影響。因此中小企業在融資的時候千萬不能只把目光集中於最後的總收益如何，還要考慮在既定的總收益下，企業要承擔怎樣的風險以及這些風險一旦演變成最終的損失，企業能否承受，即融資收益要和融資風險相匹配。

二、融資規模量力而行原則

確定企業的融資規模，在中小企業融資過程中也非常重要。籌資過多，可能造成資金閒置浪費，增加融資成本，導致企業淨資產收益率下降；或者可能導

致企業負債過多，使其無法承受，償還困難，增加經
營風險。相反如果企業籌資不足，又會影響企業投融
資計劃及其他業務的正常開展。因此，企業在進行融
資決策之初，要根據企業對資金的需要、企業自身的
實際條件以及融資的難易程度和成本情況，量力而行
來確定企業合理的融資規模。

融資規模的確定一般要考慮以下的**兩個因素**：

（一）資金形式

　　一般來講企業的資金形式主要包括固定資金、流
動資金和發展資金。

　　固定資金是企業用來購買辦公設備、生產設備
和交通工具等固定資產的資金，這些資產的購買是企
業長期發展所必需的；但是這些生產必需設備和場所
的購買一般會涉及較大資金需求，而且期限較長。中
小企業由於財力薄弱應儘可能減少這方面的投資，通
過一些成本較少，佔用資金量小的方式來滿足生產需
要，比如初創的中小企業可以通過租賃的方式來解決
生產設備和辦公場所的需求。

　　流動資金是用來支持企業在短期內正常運營所需
的資金，因此也稱營運資金，比如辦公費、職員工資、
差旅費等。結算方式和季節對流動資金的影響較大，
為此中小企業管理人員一定要精打細算，儘可能使流
動資金的佔用做到最少。由於中小企業本身經營規模
並不大，因此對流動資金的需求可以通過自有資金和
貸款的方式解決。

發展資金是企業在發展過程中用來進行技術開發、產品研發、市場開拓的資金。這部分的資金需求量很大，僅僅依靠中小企業自身的力量是不夠的，因此對於這部分資金可以採取增資擴股、銀行貸款的方式解決。

（二）資金的需求期限

不同的企業、同一個企業不同的業務過程對資金需求期限的要求也是不同的，比如，高科技企業由於新產品從推出到被社會所接受需要較長的過程，對資金期限一般要求較長，因此對資金的需求規模也大，而傳統企業由於產品成熟，只要質量和市場開拓良好，一般情況下資金回收也快，這樣實際上對資金的需求量也較少。

中小企業在確定融資規模時一定要仔細分析本企業的資金需求形式和需求期限，做出合理的安排，儘可能壓縮融資的規模，原則是：夠用就好。

（三）控制融資成本最低原則

提起融資成本這個概念就不得不提起資本成本這個概念，這兩個概念也是比較容易被混淆的兩個概念。

資本成本的經濟學含義是指投入某一項目的資金的機會成本。這部分資金可能來源於企業內部，也可能是向外部投資者籌集的。但是無論企業的資金

來源於何處，企業都要為資金的使用付出代價，這種代價不是企業實際付出的代價，而是預期應付出的代價，是投入資金的投資者希望從該項目中獲得的期望報酬率。

而融資成本則是指企業實際承擔的融資代價（或費用），具體包括兩部分：融資費用和使用費用。融資費用是企業在資金籌集過程中發生的各種費用，如向仲介機構支付仲介費；使用費用是指企業因使用資金而向其提供者支付的報酬，如股票融資向股東支付的股息、紅利、發行債券和借款向債權人支付的利息。企業資金的來源管道不同，則融資成本的構成不同。一般意義上講，由於中小企業自身硬體和軟體（專業的統計軟體和專業財務人員）的缺乏，他們往往更關注融資成本這個比資本成本更具可操作性的指標。

企業融資成本是決定企業融資效率的決定性因素，對於中小企業選擇哪種融資方式有著重要意義。由於融資成本的計算要涉及很多種因素，具體運用時有一定的難度。一般情況下，按照融資來源劃分的各種主要融資方式融資成本的排列順序依次為：財政融資、商業融資、內部融資、銀行融資、債券融資、股票融資。

（四）遵循資本結構合理原則

資本結構是指企業各種資本來源的構成及比例關係，其中債權資本和權益資本的構成比例在企業資本結構的決策中居於核心地位。企業融資時，資本結構決策應體現理財的終極目標，即追求企業價值最大化。在企業持續經營假定的情況下，企業價值可根據未來若干期限預期收益的現值來確定。雖然企業預期收益受多種因素制約，折現率也會因企業所承受的各種風險水準不同而變化，但從籌資環節看，如果資本結構安排合理，不僅能直接提高籌資效益，而且對折現率的高低也起一定的調節作用，因為折現率是在充分考慮企業加權資本成本和籌資風險水準的基礎上確定的。

最優資本結構是指能使企業資本成本最低且企業價值最大，並能最大限度地調動各利益相關者積極性的資本結構，企業價值最大化要求降低資本成本，但這並不意味著要強求低成本，而不顧籌資風險的增大，因為籌資風險太大同樣不利於企業價值的提高。企業的資本總成本和企業價值的確定都直接與現金流量／風險等因素相關聯，因而兩者應同時成為衡量最佳資本結構的標準。

（五）測算融資期限適宜原則

企業融資按照期限來劃分，可分為短期融資和長期融資。企業究竟是選擇短期融資還是長期融資，主要取決於融資的用途和融資成本和等因素。

從資金用途來看，如果融資是用於企業流動資產，由於流動資產具有週期短、易於變現、經營中所需補充數額較小及佔用時間短等特點，企業宜於選擇各種短期融資方式，如商業信用、短期貸款等。如果融資是用於長期投資或購置固定資產，這類用途要求資金數額大；佔用時間長，因而適宜選擇各種長期融資方式，如長期貸款、企業內部積累、租賃融資、發行債券、股票等。

（六）保持企業有控制權原則

企業控制權是指相關主體對企業施以不同程度的影響力。控制權的掌握具體體現在：

1．控制者擁有進入相關機構的權利，如進入公司制企業的董事會或監事會；

2．能夠參與企業決策，並對最終的決策具有較大的影響力；

3．在有要求時，利益能夠得到體現，如工作環境得以改善、有權參與分享利潤等。

在現代市場經濟條件下，企業融資行為所導致的企業不同的融資結構與控制權之間存在著緊密聯繫。融資結構具有明顯的企業治理功能，這不僅規定著企業收入的分配，而且規定著企業控制權的分配，直接影響著一個企業的控制權爭奪。

比如在債權、股權比例既定的企業裡，一般情況下，股東或經理是企業控制權的擁有者；在企業面臨清算、處於破產狀態時，企業控制權就轉移到債權人手中；在企業完全是靠內源融資維持生存的狀態下，企業控制權就可能被員工所掌握（實際中股東和經理仍有可能在控制企業）。由此可見上述控制權轉移的有序進行，依賴於股權與債權之間一定的比例構成，而這種構成的變化恰恰是企業不同的融資行為所導致的。

企業融資行為造成的這種控制權或所有權的變化不僅直接影響到企業生產經營的自主性、獨立性，而且還會引起企業利潤分流，損害原有股東的利益，甚至可能會影響到企業的近期效益

與長遠發展。比如，發行債券和股票兩種融資方式相比較，增發新股將會削弱原有股東對企業的控制權，除非原股東也按相應比例購進新發股票；而債券融資則只增加企業的債務，並不影響原有股東對企業的控制權。

因此，在考慮融資的代價時，只考慮成本是不夠的。中小企業管理者開辦企業一個很大的初衷就是要把「自己」的企業做大做強，如果到頭來「為他人作嫁衣裳」則不是管理者所願意看到的。因此，管理者在進行融資的時候一定要掌握各種融資方式的特點，精確計算各種融資方式融資量對企業控制權會產生的影響，這樣才能把企業牢牢的控制在自己的手中。

（七）選擇最適合的融資方式原則

中小企業在融資時通常有很多種融資方式可供選擇，每種融資方式由於特點不同給企業帶來的影響也是不一樣的，而且這種影響也會反映到對企業競爭力的影響上。

企業融資通常會通過以下途徑給企業帶來影響：首先，通過融資，壯大了企業資本實力，增強了企業的支付能力和發展後勁，從而增加與競爭對手競爭的能力；其次，通過融資，能夠提高企業信譽，擴大企業產品的市場份額；最後，通過融資，能夠增大企業規模和獲利能力，充分利用規模經濟優勢，從而提高企業在市場上的競爭力，加快企業的發展。

但是，企業競爭力的提高程度，根據企業融資方式、融資收益的不同而有很大差異。比如，通常初次發行普通股並上市流通融資，不僅會給企業帶來巨額的資金，還會大大提高企業的知名度和商譽，使企業的競爭力獲得極大提高。

再比如，企業想開拓國際市場，通過各種管道在國際資本市場上融資，尤其是與較為知名的國際金融機構或投資人合作也能夠提高自己的知名度，這樣就可以迅速被人們認識，無形之中提高了自身形象，也增強了企業的競爭力，這種通過選擇有實力融資合作夥伴的方法來提高企業競爭力的做法在國內也可以運用。

（八）把握最佳融資機會原則

所謂融資機會，是指由有利於企業融資的一系列因素所構成的有利的融資環境和時機。企業選擇融資機會

的過程，就是企業尋求與企業內部條件相適應的外部環境的過程。從企業內部來講，過早融資會造成資金閑置，而如果過晚融資又會造成投資機會的喪失。從企業外部來講，由於經濟形勢瞬息萬變，這些變化又將直接影響中小企業融資的難度和成本。因此，中小企業若能抓住企業內外部的變化提供的有利時機進行融資，會使企業比較容易地獲得資金成本較低的資金。

一般來說，中小企業融資機會的選擇要充分考慮以下幾個方面：

第一，由於企業融資機會是在某特定時間出現的一種客觀環境，雖然企業本身也會對融資活動產生重要影響，但與企業外部環境相比，企業本身對整個融資環境的影響是有限的。在大多數情況下，企業實際上只能適應外部融資環境而無法左右外部環境，這就要求企業必須充分發揮主動性，積極地尋求並及時把握住各種有利時機，努力尋找與投資需要和融資機會相適應的可能性。

第二，由於外部融資環境複雜多變，企業融資決策要有超前性，為此，企業要能夠及時掌握國內和國外利率、匯率等金融市場的各種資訊，瞭解國內外巨集觀經濟形勢、國家貨幣及財政政策，以及國內外政治環境等各種外部環境因素，合理分析和預測能夠影響企業融資的各種有利和不利條件，以及可能的各種變化趨勢，以便尋求最佳融資時機。

第三，企業在分析融資機會時，還必須要考慮具體的融資方式所具有的特點，並結合本企業自身的實際情況，適時制定出合理的融資決策。比如，企業可能在某一特定的環境下，不適合發行股票融資，卻可能適合銀行貸款融資；企業可能在某一地區不適合發行債券融資，但可能在另一地區卻相當適合。

「綜合而言，中小企業必須善於分析內外環境的現狀和未來發展趨勢對融資管道和方式的影響，從長遠和全域的視角來選擇融資管道和融資方式。此外，對於企業而言，儘管擁有不同的融資管道和方式可供選擇，但最佳的往往只有一種，這就對企業管理者提出了很高的要求，必須選擇最佳的融資機會。」

因素三：禁售期 / 鎖定期

企業上市後，通常對內部持股者（Insiders）有一個禁售期。這個期間，企業老闆和他的家人都不能出售股份。

通常，這個禁售期為六個月甚至更長。

對於企業老闆來說，如何保證禁售期結束的時候股價仍舊很好，是一個需要認真考慮的問題。

有些企業在上市後股價下跌，對企業老闆來說，等禁售期結束，他持有的股票的價值已經大大縮水了

此外，通常當時間愈接近禁售期結束的時候，股價跌得也愈低。這是投資者們預期到內部持股者會在禁售期結束後大量減持股票的結果。

還有一種原因可以解釋為什麼公司上市後股價大跌。上市後，儘管企業老闆的股份是不能立刻出售的，但是他們的財務顧問、基礎投資者或新股認購投資者所持的股份通常是可以立刻出售的，因為他們通常不受禁售期的控制。如果這些投資者不關心企業的未來發展，他們經常會立刻出售股票，令股價下跌。這亦給其他潛在投資者發出一個非常不好的信號：既然這個公司的前期投資者都不想保留股票，其他潛在投資者怎麼可能買呢？

企業的資本總市值愈小，企業老闆未來股份縮水的可能性愈大。因此，企業應該盡量把企業的利潤做大。企業利潤愈高，上市的市場估值愈大，股票價格愈高，融資額愈多，這樣可以保證企業有足夠的資本繼續提高企業利潤。這樣，禁售期結束的時候，企業的利潤可以對股價提供支撐。

企業上市有非常多的原因，但其中重要的一點卻常常被忽視，就是企業老闆通過出售自己的股份實現個人財富的增值。通常，一個企業的老闆的大部分個人財富都在企業裡，即所持有的公司股份，而不是在銀行裡。上市的一個重要好處，是可以使企業老闆的財富不再過於集中於自己的公司，從而降低企業老闆個人的財務風險。例如企業老闆可以出售一部分股份，把獲得的現金放在銀行或者購買地產，這樣企業老闆不僅仍舊擁有公司的大部分股份，還可以有現金來支付其他個人用途。

4. 融資技法與方式

股本證券可採用下列任何一種方式上市：

發售以供認購（Offer for Subscription）是發行人發售他自己的證券或其代表發售發行人的證券，以供公眾人士認購。

發售現有證券（Offer for Sale）是已發行證券的持有人或其代表，或同意認購並獲分配證券的人或其代表，向公眾人士發售該等證券。

配售（Placing）是發行人或仲介機構向主要經其挑選或批准的人士，發售有關證券以供認購或出售有關證券。新股配售是指在新股發行時，將一定比例的新股向二級市場投資者配售，投資者根據其持有上市流通證券的市值自願申購新股。

新股發售可以採用公開認購、國際配售或兩者相結合的發售方式，但按照《證券上市規則》的規定，除非機構投資者對新股有較大的需求，否則香港聯交所不會批准只採用機構配售方式發行新股。新股上市一般會採用回撥機制和累計投標。

介紹（Introduction）是已發行證券申請上市

所採用的方式，該方式毋須作任何銷售安排，因為尋求上市的證券已有相當數量，且被廣泛持有，故可推斷其在上市後會有足夠市場流通量。

介紹形式上市是指公司在上市前不需要實質上拿出股票向社會公眾銷售，而直接申請上市。指股份公司向證券交易所申請獲得將其證券在市場上掛牌買賣的資格，本身並不涉及即時資金的籌集，所以無需在證券的銷售方面作出任何安排。

下列情況，一般可採用介紹方式上市：

1. 尋求上市的證券已在另一家證券交易所上市；

2. 發行人的證券由一名上市發行人以實物方式分派予其股東或另一上市發行人的股東；或

3. 控股公司成立後，發行證券以交換一名或多名上市發行人的證券。

供股（Rights Issue）是向現有證券持有人作出供股要約，使他們可按其現時持有證券的比例認購證券。

公 開 招 股（Initial Public Offering）是向公眾人士發出公司股份認購要約，是指股份公司採取向社會廣大投資者公開發售股票的發行形式。由於公開招股發行要以不特定的公眾投資者為發行對象，為保障這些投資者的利益，股票公開發行前，一方面要提供並公佈自身各方面資料和統計數據外，另一方面必須取得包銷商的包銷安排。

公開招股可與配售一併進行，成為附有回補機制的公開招股，其中配售是按現有證券持有人依據其現有權益比例認購部份或全部配售證券的權利進行。

資本化發行（Capitalisation Issue）是按現有股東持有證券的比例，進一步分配證券予現有股東，而該等證券將入帳列為已從發行人的儲備或盈利撥備繳足，或在不涉及任何款項支付的情況下列為繳足。資本化發行包括將盈利化作資本的以股代息計劃。

代 價 發 行（Consideration Issue）是發行人發行證券作為某項交易的代價，或者有關發行與收購或合併或分拆行動有關。證券可透過將交換證券（exchange）或取代原證券（substitution）或轉換（conversion）其他類別證券的方式上市。

由創業板轉板上市是指已在創業板上市的發行人如擬轉往主板上市，可根據交易所為此目的而不時訂立的規則及規例申請辦理。

此外，聯交所在 2016 年 6 月對於有關首次公開招股審批及申請人是否適合上市做出指引，特別指出有以下特徵的申請上市企業將引起港交所的特別關注：

（1）低市值；

（2）僅勉強符合上市資格規定；

（3）集資額與上市開支不合比例（即上市所得款項大部分用作支付上市開支）；

（4）僅有貿易業務且客戶高度集中；

（5）絕大部分資產是流動資產的「輕資產」模式；

（6）與母公司的業務劃分過於表面：申請人的業務只是按地區、產品組合或不同開發階段等刻意從母公司的業務中劃分出來；及／或

鼎成財富管理有限公司
GRANSING WEALTH MANAGEMENT LIMITED
財匯八方 富無邊界 WEALTH BEYOND BOUNDARY

鼎成財富管理資訊網站
http://www.gransingwm.com/zh_hk/
(鼎成金融控股之全資附屬子公司)

保險 INSURANCE

基金 FUNDS

股票 STOCK

信托 TRUST

債券 BONDS

稅務 ADVISORY

f Gransing Wealth Management Limited 🔍

成財富管理服務中心
nsing Wealth Management Services Centre
中環德輔道中121號遠東發展大廈8樓802室
服務熱線：(852)2877 2832

附錄：市場推介和定價（IPO 成功過程解構）

定價前 7 週	定價前 5 週	定價前 4 週
分析師研究報告	**培訓銷售人員**	**預路演**
<ul><li>分析師發表研究報告</li><li>通過分析師推介會和內部溝通為分析師提供最正面的引導</li></ul>	<ul><li>行業知識培訓</li><li>公司知識培訓管理層推介會</li><li>全球銷售人員問答熱線</li><li>詳盡的銷售人員推介材料</li></ul>	<ul><li>動員全球性的機構分銷網絡推介公司投資故事</li><li>確認所有潛在投資者所提問題和顧慮</li><li>確定主要目標投資者</li><li>確定最合理的定價區間</li></ul>

定價程序 - 為首次公開發行實現最佳定價

建立初步
估值範圍

研究分析師
提供的資料

銷售團隊的
儘早參與

通過設計完善的執行過程確定最佳定價

定價前 2 週	定價
路演 / 訂單薄記	**定價 / 配售**

定價前 2 週：路演 / 訂單薄記

- 利用分析師，全球銷售隊伍，投資銀行專家和股本市場部專家為管理層進行多次反復的路演培訓
- 路演說材料充分突出公司的主要賣點，給予投資者最大的正面衝擊
- 預測和準備投資者有可能問題的問題

定價：定價 / 配售

- 公司價值最大化
- 長期堅實的投資者群體
- 確保良好的後市表現

主要投資者的反饋意見

確定推介價格範圍

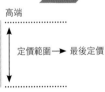

高端

定價範圍 ⟶ 最後定價

低端作為 "誘餌"

鼎成證券有限公司
行政總裁郭文壇

促的進入自己不熟悉的領域或行業，最終會導致企業資金鏈的斷裂，將企業推向破產，因此這一時期不易進行大規模

第四章

投資要增勝算 了解企業與市場「關鍵」

正如前三章所說，對於公司安排上市的整個過程是否順暢及成功，保薦人有著舉足輕重的地位。除看保薦人選公司及安排上市的威力外，投資者還可以如何在買賣新股時增加勝算呢？本章借訪問對香港股市一直有獨到分析的鼎成證券有限公司行政總裁郭文壇為其中重點作解構。

鼎成證券近年主攻包銷商角色，視為本地金融品牌的表表者。

1. 捉緊最佳時間作融資安排

作者：在挑選好公司上，有何特別心得可分享？

郭文壇：

在揀選公司負責為其包銷之前，我們主要關注的是企業的增長潛力，以及其商業模式的可延續性，主要可以從以下幾個方面加以考慮：

1. 行業發展前景：傳統行業日漸趨於飽和，增長普遍呈現放緩。相比之下新興行業未來發展前景較佳，投資者認受性亦更高。

2. 管理層的經驗及團隊穩定性：穩定的管理團隊有助於維持企業未來增長的穩定性與可持續性，同時富有經驗的管理團隊可更有效地協助企業面對各種新挑戰。

3. 企業的行業地位：企業在整體行業或細分領域的領先地位可在洞悉市場趨勢，吸引優秀人才等方面為企業提供優勢，有助於企業的長遠發展。這類企業通常亦具備較強的研發能力。

4. 企業未來發展規劃：企業需對其未來發展的業務營運及增長制定詳細的策略計畫，以及對上市融資所得款項進行合理規劃，以確保企業未來增長的可持續性。

作者：在企業安排上市方面，從包銷角色來，香港會否是理想地方？

郭文壇：

　　說到企業上市的地點，基本上香港股市是必然首選，因為香港是一個資金自由流動的地方，全球資金雲集，而且，香港交易所交易系統成熟，成交暢旺，從市場的交易活動及每年 IPO 排名一直處於全球前列位置，可見一班。而背靠龐大內地資本市場，雙管齊下令企業有更多樣化集資渠道。

市場在不同的時期，會有不同的炒作熱潮，如果能夠把握，勝算更高，要獲知當前的熱門板塊，可從下面方法入手。

　　熱潮分兩種，一種是突發事件造成的，一種是政策帶來的，其實都是公開信息，重要的是要做有心人。例如經常隨時盯著熱門板塊，看突然的漲幅。主要可以從以下幾個方面加以參考：

1. 多多閱讀財經類關於股票的新聞動態，尤其要留意政治因素對行業及企業的影響，考慮因素如下：

　　　a. 政治因素泛指那些對對行業及企業，以致股票價格具有一定影響力的國際政治活動。重大經濟政策和發展計劃以及政府的法令、政治措施等等。

　　　b. 國際形勢的變化，如外交關系的改善會使有關行業及企業之經營有利好或利淡的影響。投資者

應在外交關系改善時，不失時機地購進相關跨國公司的股票。

c. 戰爭的影響。戰爭使各國政治經濟不穩定，人心動蕩，行業及企業經營困難，股價下跌，這是戰爭造成的廣泛影響。但是戰爭對不同行業的行業及企業之經營及股票價格影響又有不同，比如戰爭使軍需工業興盛、繁盛，那麼凡是與軍工需工業相關的公司的股票價格必然上漲。

d. 國內重大政治事件，如政治風波等也會對股票產生重大影響。即對股票投資者的心理產生影響，從而間接地影響股價水準。

e. 國家的重大經濟政策，如產業政策、稅收政策、貨幣政策。國家重點扶持、發展的產業，其股票價格會被推高，而國家限制發展的產業，股票價格會受到不利影響，例如政治對社會公用事業的產品和勞務進行限價，包括交通運輸、煤氣、水電等，這樣就會直接影響公用事業的盈利水準，導致公用事業公司股價下跌；貨幣政策的改變，會引起市場利率發生變化，從而引起股價變化；稅收政策方面，能夠享受國家減稅免稅優惠的股份公司，其股票價格會出現上升趨勢，而調高個人所得稅，由於影響社會消費水準下跌，引起商品的滯銷，從而對公司生產規模造成影響，導致盈利下降，股價下跌。這些政治因素對股票市場本身產生的影響，即通過公司盈利和市場利率產生一定的影響，進而引起股票價格的變動。

　　　　f. 目前影響股票的政治及經濟因素包括：英國脫歐、美元加息時間表、供給側、一帶一路、深港通、互聯網＋、十三五規劃、環保措施、深港通等。

2. 關註每日漲幅榜前列的股票。近半個月總是在漲幅排行榜前列的板塊或個股就是近期熱門板塊和個股。

3. 不過，有時亦不要盲目追逐熱門板塊或個股，因為當市場達成共識－認為某些板塊或個股已經成為市場熱門的時候，股價已經上漲了很多，此時跟進就意味著自己要承擔較大的風險。

實際可參考例子

　　新股上市後股價表現好，其中一個重要因素是有「獨特」概念，因為夠「獨特」才能吸引機構投資者入飛。首先，「獨特」概念可理解為「獨特業務」，意即市場上未有或只有極少同類業務的上市公司，如當年的中國信達 01359.HK 和 Magnum 02080.HK（現已改名為奧克斯國際）都是好例子。

　　其次，「獨特」可理解為「獨特技術」，例如英達公路 06888.HK 提供獨有的地熱再生技術，為內地瀝青路面養護服務，其他公司不容易複制。

　　另一方面，投資者可以留意「當炒板塊」，如早年熱炒科網股和醫藥股，因而令雲游控股 00484.HK 和康臣藥業 01681.HK 大受資金追捧。

倘若投資者沒有時間，公司和行業背景大可不必深究，畢竟多數是在掛牌首日套現的超短炒，看 IPO 公開發售期間公布的國際配售反應和香港的孖展認購額，基本上已能看出新股是否「夠熱」，只要夠「溫度」，則代表市場有殷切需求，也可以視為集體智慧（亦可視為集體瘋狂），上市後初期股價多數有好表現。

目前有哪些熱門板塊？

參考市場共識，2016 年業務於內地的十大熱門板塊如下：

1、 證券行業：註冊制改革授權獲通過，行業迎發展新周期。

2、農村相關行業：新糧食安全發展觀，強科技，去庫存，降成本，增效益。

3、 醫藥生物行業：兒童藥將啟動立法，兒藥板塊成下一個風口。

4、保險行業投資策略開放：政策催生發展良機，資產新配置增加收益。

5、 電子商務及互聯網＋概念繼續大行其道。

6、 電動汽車及電能設備愈來愈流行，加上優惠政策出台，儲能行業千億市場待開啟。

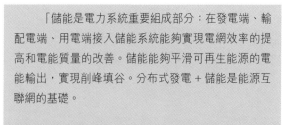

「儲能是電力系統重要組成部分：在發電端、輸配電端、用電端接入儲能系統能夠實現電網效率的提高和電能質量的改善。儲能能夠平滑可再生能源的電能輸出，實現削峰填谷。分布式發電＋儲能是能源互聯網的基礎。

期待國內政策出台：國外成熟的儲能推廣都是由政府補貼政策入手，目前國內對於儲能的規劃提至新高度。2014 年發布的《能源發展戰略行動計劃（2014-2020）》中，儲能首次被明確為「9 個重點創新領域」和「20 個重點創新方向」之一，儲能「十三五」規劃大綱正在編寫之中，政策出台有望成為儲能爆發起點。」

7、旅遊消費等服務產業：雖然經濟下行導致行業持續承壓，整體缺乏系統性機會，但當中消費相關的航空、快遞仍維持較高景氣度；迪士尼 / 自貿區 / 跨境電商 / 一帶一路等主題仍有機會。

8、環保與公用事業：當中煤電排放改造與分布式燃氣可留意。

9、傳媒行業：年底娛樂消費景氣度爆棚，影視板塊表現活躍。

10、零售行業：重點關注新消費轉型，如優選小市值、具備轉型動力和具有優質資產的公司。

2. 集資規模與方式

1. 首次公開招股（IPO）集資金額及上市的規模，與上市後股價表現有沒有關係？

一般而言，集資金額及上市規模愈大，上市後股價表現通常愈穩定，即升穿或跌破招股價的幅度相對有限；相反，集資金額及上市規模愈小，即是「細細粒容易食」的情況，貨源容易歸邊，股價就較容易被舞高弄低，即股價更容易被炒上，當然，亦更容易被推跌。

　　以 2015 年 11 至 12 月在本港以 IPO 上市的情況為例，首次公開招股集資額最高的公司是中國能源建設 03996.HK，其掛牌首日股價一直在招股價附近，當日收市微跌 0.6%；其次是達利食品集團 03799.HK，即使獲得 28.5 倍的超額認購，但掛牌首日收市股價仍要跌 4.8%；跟住三間首次公開招股集資額最高的公司依次是中國國際金融 03908.HK、錦州銀行 00416.HK 及鄭州銀行 06196.HK，三間公司掛牌首日收市價分別升 4.4% 至 9.4%，即期內首次公開招股集資額最高的五間公司首日收市價升跌幅均在 10% 之內。

上市日期	股份代號	公司名稱	行業	國家/地區	市值（百萬美元）	集資額（百萬美元）	歷史市盈率 *	首日股價表現（%）
10/12/2015	3996	中國能源建設股份有限公司	工業	中國	1,850	1,794	9.5 倍	(0.6)
20/11/2015	3799	達利食品集團有限公司	消費品製造	中國	7,725	1,140	28.5 倍	(4.8)
09/11/2015	3908	中國國際金融股份有限公司	金融	中國	2,460	927	16.7 倍	7.4
07/12/2015	416	錦州銀行股份有限公司	金融	中國	1,105	907	10.2 倍	9.4
23/12/2015	6196	鄭州銀行股份有限公司	金融	中國	721	652	6.7 倍	4.4

* 歷史市盈率按首次公開招股價格及上市之時的最新盈利數據計算。

首次公開招股集資額最高五家公司（2015 年 11 月至 12 月）
資料來源：香港上市雙月刊（2015 年 11 月至 12 月）

　　不過，持有中長期而言，亦並非集資金額及上市規模愈小就愈好，而是集資金額及上市規模適中，加上公司質素理想、估值合理，而且配合上一章的「業務食正熱潮」，那公司上市後股價往往有較佳表現。

據華爾街日報報道，香港 2015 年的 IPO 交易中，表現最好的是一家內衣生產商和一家電影院運營商，分別是維珍妮國際 02199.HK 和 IMAX China 01970.HK。這兩公司的股票在香港上市後大幅上漲，這與銀行、券商和通信公司等更為典型的中資企業香港 IPO 後的較弱表現形成對照。

總部位於香港的維珍妮國際，在中國南部和越南東北部的工廠為 Victoria's Secret 和 Calvin Klein 等品牌設計和生產產品，這兩大名牌為維珍妮國際的招股打響名堂，而且，維珍妮亦投資者列出了一份知名的國際客戶名單：除以上兩大品牌外，亦包括了 Adidas 和 Under Armour 等運動服飾巨頭。當中，Victoria's Secret 進入中國市場不到一年，但業務在持續擴大；Calvin Klein 則在中國高端購物中心設有專賣店，並維珍妮國際充滿內需概念。

維珍妮國際 2015 年 10 月初通過 IPO 籌資 2.45 億美元，上市首日股價收市上漲 16%；而根據德勤（Deloitte）的數據顯示，2015 年香港交易所主板 IPO 上市首日的股價平均漲幅僅為 5.4%。至 2015 年底，該股上市後的股價已上漲超過一倍，回報率居 2015 年香港規模 5,000 萬美元以上各 IPO 的首位。

另一個贏家是在開曼群島注冊的 IMAX China，該公司擁有 IMAX 品牌在大中華區的獨家許可。IMAX China 的股價在上市首日較招股價上漲 11%，至 2015 年底，該股上市後的股價上漲超過 80%。根據 Dealogic 的數據顯示，2015 年其他八隻規模超 5,000 萬美元的 IPO 的平均回報率約為 13%。

IMAX China 上市後股價表現理想，主因市場憧憬 IMAX 正從中國持續增長的電影業中受益。除了擁有大中華區的 IMAX 特許經營權以外，該公司還是大中華區 IMAX 格式影片的唯一商業發行平台，有權從 IMAX 影片的票房收入中獲得分成。獨立咨詢公司 EntGroup 稱，到 2017 年，中國的電影票房年收入將超過美國。

IMAX 的競爭對手阿里影業 01060.HK 於 2015 年的股票累計上漲 36%；另一競爭對手大連萬達集團（Dalian Wanda）的董事長王健林在 2015 年 11 月底對《財新》雜誌表示，該公司正計劃 2016 年將電影制片子公司掛牌上市。市場預期，與消費行業的其他領域相比，未來數年娛樂業、餐飲業和旅遊業的增長幅度將更大。

根據波士頓咨詢公司（Boston Consulting Group）和阿里巴巴集團旗下研究機構阿里研究院（AliResearch Institute）2015 年發布的一份報告表示，預計中國仍將是全球增長最快的消費市場之一，到 2020 年，中國全年的私人消費規模將達 6.5 萬億美元。

該報告認為，即使在未來五年中國年度國內生產總值增速放緩至 5.5%（低於 6.5% 的官方目標），預計私人消費也將以每年約 9% 的速度增長，而這一增速中的 81% 估計將來自中國中上階層和富裕家庭，這些消費者將增加在優質商品和服務上的支出，如奢侈品、健康食品、教育和旅遊。

不過，傳統的零售業務卻繼續面臨來自網絡競爭對手的挑戰，因此亦令消費零售企業的 IPO 減少。根據德勤的數據顯示，2015 年在香港上市的新股中有約 21% 的公司屬於消費行業，比重低於 2014 年的 36% 大跌了 15 個百分點。IMAX 和維珍妮的上市都趕上了好時機，這兩家公司是在 2015 年夏季股市暴跌後觸底的那一周上市，兩家公司都把發行價定在預期區間的低端，令估值處於較低水平，造就了之後大升的良機。

相反，電信公司維太移動控股 06133.HK 是 2015 年香港 IPO 中表現最差的一隻股票，至 2015 年底該股股價累計下跌超過 50%；國聯證券 01456.HK 和魯証期貨 01461.HK 這兩家證券公司自 2015 年 6 月底上市，至 2015 年底股價也下跌超過 40%。在 2015 年上市規模 5,000 萬美元及以上的公司中，股價表現最差的是環球醫療 02666.HK，該公司上市首日收市價較招股價下挫達 39%。

2. 上市方式，與上市後股價表現又有沒有關係？

上市方式最常見的是以 IPO 發行給公眾人仕認購，其他亦比較多公司選擇的上市方式是全配售及介紹型式上市，另外，亦有上市公司分拆旗下業務獨立上市。

3. 全配售新股必爆升？

以配售（Placing）形式上市的新股，多數由發行人或中間人，將股份出售予已選擇或獲批的主要人士認購，故多不會作公開認購。發行人可選擇以全配售形式上市，即只限機構投資者及大戶認購，或可將部分留給原有股東。全配售新股一般只能於創業板上市，由於集資額較少，批核要求通常較寬鬆。發行人會選擇以此形式上市，多因考慮到風險問題，選擇機構投資者或大戶為認購對象，成功上市機會較大，上市後股價亦多數向好。

以配售及介紹形式上市的股份，同為半新股的一種，但前者多為未曾上市的股份，而後者則在申請上市時，股份已被一定數量的公眾人士擁有，故不需再發行新股。而該已發行的證券，亦毋須再作任何銷售安排，已可申請上市。

事實上，全配售新股上市後初期表現確是亮麗，更可說「創板全配售新股掛牌日必漲」。因為創業板新股以全配售形式上市，貨源容易歸邊，而且，由於參與創業板新股的人較少，加上創業板新股「細細隻，容易炒」，首日基本上都會炒上，幅度更可以十分驚人。

參考《香港商報》的分折，由 2013 年初至 2014 年中，共有 27 隻於創業板挂牌新股全配售上市，全部首日股價均報捷，幾乎全部在首日都有雙

位數的升幅。當中最誇張的兩隻股份分別為港深聯合 08181.HK 和匯財金融 08018.HK，首日收市價較上市價都有超過 5 倍的升幅，這是抽主板新股不可能有的情況。而這 27 隻創板新股在首日收市價計，平均有 1.2 倍的回報，比主板平均的單位數回報好得多。

不過，若以上市後股價累積升幅來說，則不算突出，這 27 隻新股於期內平均升幅約為 1.5 倍，即表示在首日狂飆後，未有再大升的情況出現。同時，以累積升幅計，表現參差，有升幅最多 5.5 倍的匯財金融，亦有跌幅達 22% 的譽宴集團 08107.HK（已轉作主板 01483.HK）。

如果未能參與配售，而創板全配售新股首日開市後才追入，亦屬於「高處未算高」情況，即還是有獲利機會。數據顯示，這 27 隻新股在首日競價盤的高開幅度平均為 122%，這個升幅感覺上是「高處不勝寒」，但短炒則無有怕，事關這 27 隻新股在首日的最高升幅平均錄得 235%，代表散戶在競價盤追入後，還是有很多水位賺，若不貪心，鎖定沽盤在 10% 至 20% 止賺，還是有利可圖的。

須要留意的是，投資者在追入後，須馬上設定止賺的沽盤，因為創板新股在首日的波幅都很大，而且很多時高位都是一瞬即逝。同時，在競價盤追入後，不要持足一日，因為隨時無錢賺，該 27 隻新股首日收市計的平均升幅為 121%，與平均的高開幅度 122% 更低。

創業板公司以全配售形式上市，只需有 100 個或以上數量的投資者已足夠可以上市，不需要像主板股，至少有 300 個投資者參與。股份在主力「貨源歸邊」的情況下，股價往往以相對較少的成交便能夠大升。若散戶發現有創板新股在首日高開的幅度不高，不妨追入，以鴻偉亞洲 08191.HK 和羅馬集團 08072.HK 為例，首日的高開幅度分別僅為 2.6% 和 40%，而兩股在首日收市的升幅則有 24% 和 90%。

證監會發創業板上市指引
設公開發售能確保市場公平有序

2016 年，港股創業板中以全配售方式上市的新股波動劇烈，首日波幅平均高達 656%，而設有公開發售部分的創業板新股，則首日平均波幅僅 22%。面對此等不尋常表現，證監會表示，設立公開發售部分更有可能建立一個較廣泛的股東基礎，以確保有一個公平有序的市場。

據證監會公告，2016 年的 45 宗創業板新股中，有 36 宗為僅以配售方式上市，9 宗包括公開發售部分。僅以配售方式進行的創業板新股於首日的平均股價變動為上升 656%，最高升幅為 2005%。而截至今年 1 月底，當中 9 宗上市的股價較其首日收市價下跌逾 90%，另外 10 宗的股價則下跌 50% 至 90%。但就 2017 年設有公開發售部分的創業板新股而言，所接獲的有效公眾認購申請數目介乎 647 至 17,031 項，首日的平均股價變動為上升 22%。

基於上述背景數據，證監會在最新聲明中表示，設立公開發售部分更有可能建立一個較廣泛的股東基礎，以確保有一個公平有序的市場。2017 年 1 月，

證監會已發出關於創業板上市的一份指引及一份與港交所共同發佈的聲明。在文件發表後，有4個上市申請人延遲上市計劃。證監會稱，已對4宗個案作出查詢，主要著眼於導致股權過度集中的整體策略和配發基準，以及配售代理就它們從為上市申請而呈交的承配人名單中識別出的潛在紅旗訊號，例如多組承配人共用同一地址及資金來源的確定。證監會提醒，僅以配售方式進行上市的上市申請人有責任確保所需的條件都存在，令股份能夠在上市時發展出一個公開市場。如果證監會發現上市後的股份交易有違規情況，可能會根據相關條例行使暫停股份交易的權力。另外，如果證監會發現股份不存在一個公開市場的充分跡象、或顯示可能存在市場操縱的異常交易模式，或虛假或具誤導性的披露的證據，均可能導致證監會指示暫停股份交易。

4. 上市公司分拆業務獨立上市，又有沒有投資機會？

分拆上市是一種特別的上市方式，由於這間打算上市的公司，其母公司已經是上市公司了，她只是把子公司分拆上市而已。換言之，這間公司的母公司已經有了大量的公眾股東，她只須把準備上市的子公司的股票，平均分派給股東們，便已符合新上市公司要把25%的股票讓公眾持有的要求。

這種情況，即是所謂介紹形式上市，是分拆子公司上市的一種方法，她並沒有售出股票，也沒有籌集到資金，但卻多了一間上市公司。以這種介紹形式上市，母公司並不需要把手頭上全部子公司股票，全都發給母公司的股東，母公司仍然可以繼續持有子公司

的控制權，只是把手頭上的部分子公司股票，平均分配給股東罷了。

上市公司分拆旗下業務，可採取介紹形式獨立上市，或藉機發售該分拆公司股份集資。能分拆出來的業務，多數業績增長亮麗，前景可觀，才能吸引股東贊成分拆計劃。而分拆完成後，母公司持股量降低，新公司資產、負債及業績或改以聯營公司方式入帳，母公司盈利數字自然受不利影響，剝離一項會生金蛋的生意，難免間接拖累股價表現，因此一般投資者相信分拆後，母公司股價表現會較差，但事實並非如此。

以 2012 年為例，當年共有 6 間上市公司分拆業務上市，包括太古股份 00019.HK 以介紹方式實物分派太古地產 01972.HK 上市，天安中國 00028.HK 分拆聯合水泥 01312.HK（已改名同方康泰）、僑威集團 01201.HK（已改名天臣控股）分拆宏創高科 08242.HK，以及中渝置地 01224.HK 分拆確利達 01332.HK（已改名中國透雲）於聯交所掛牌；第一視頻 00082.HK 分拆中國手遊公司於美國納斯達克環球市場，SBI Holdings 06488.HK（已撤銷在港上市）則先後把房貸業務及網上結算服務公司分拆於南韓交易所（KOSDAQ）上市。成功分拆後，6 間母公司股價表現有升有跌。

而對於被分拆上市的公司而言，一般來說，由於股票街貨太多，早期是較難炒上的。這得要等到母公司的原股東所獲得的股票沽得七七八八，它才有上升的動力。而一般被分拆上市的股票一旦上升，動力可以好大，因為利用介紹形式分拆上市的股票，與用

一般方式上市的股票不同，由於母公司已有公眾投資者，令分拆出來的股票擁有基礎客戶，所以當炒高股價後也比較容易散貨，因此會令股票有被炒高誘因。還有，用這種方式分拆出來的股票，質地通常比較優良，同時因為分拆過程沒有集資，大股東借用分拆套現的動機比較低。

其中例子是 2013 年 8 月中 TCL 多媒體 01070.HK 分拆生產及銷售音視頻產品通力電子 01249.HK，當時 TCL 按 10 股派 1 股比例向股東作實物分派，通力電子以介紹方式上市，並無就上市發行任何新股份集資。TCL 分派紀錄日期為 2013 年 8 月 7 日，其時股價變動不大。通力電子 2013 年 8 月 15 日上市首日收報 6 元，TCL 股東經歷分拆後，帳面上獲近 15% 額外回報。通力電子上市後，股價持續上升至 2015 年 4 月。

除了利用介紹形式搞分拆以外，另一分拆上市做法是公開發售，母公司股東未能獲得任何分派，如由宏安集團 01222.HK 分拆出來的宏安地產 01243.HK，便是利用這種方式分拆上市。分拆完成後，宏安集團作為母公司，將持有被分拆出來的子公司宏安地產的 75% 股份，餘下的 25% 股份將會通過公開發售，這種方式的分拆上市，與一般私人公司搞 IPO 上市無太大分別。

最後一種分拆上市的方式，就是上述分拆方式的混合，母公司股東將獲實物分派子公司的一小部分股票，同時，另外一部分分拆子公司的股票將會通過公開發售。如由結好控股 00064.HK 分拆出來的結好金融 01469.HK 便是利用這種方式分拆上市，根據分派，合資格結好控股股東將有權每持有 40 結好股份獲發一股股分，分派合共 167,755,348 股股份，另外公開發售股份合共 507,554,481 股股份，當分拆上市完成後，母公司結好控股將持有結好金融 72.99% 股份。

另一例子，是信義玻璃 00868.HK 將旗下信義香港 08328.HK 分拆至創業板上市。信義香港的原有舊股向信義玻璃的股東按比例分派，每持有 8 股信義玻璃股份可獲分派 1 股信義香港股份；此外，亦公開發售 5,500 萬股，佔分拆及上市完成後已發行股份經擴大數目的 10.18%，以上限每股 0.7 元定價，扣除開支，集資淨額 3,210 萬元。信義香港於 2016 年 7 月 11 日上市，掛牌首日最低已見 1.15 元，其後股價持續上升至 2016 年 8 月最高 1.87 元。

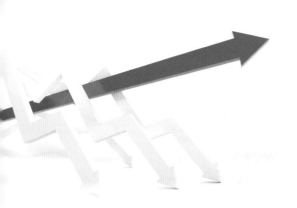

3. 具往績上市合作團隊

　　贏新股其中的一招必殺技是從保薦人入手，　除了以往大行外，近半年亦多了不少新鮮保薦人。保薦人要爭取保薦的公司上市後有好表現，之後才有更多保薦生意，因此可從保薦人的往績揀選新股。

　　先重溫在第一章提到的各個在上市過程中的「外援」，而當中保薦人就做了串聯這些外援的角色，是相當重要的身份。有一個專業及優質的保薦人，很大程度上可説是確保了公司在上市後有亮麗表現。

　　在 IPO 上市的過程中，保薦人對投資者承擔的保障功能角色！可體現於下列不同時期：

「靜默期」

　　在香港的法規中，靜默期的限制是由股票上市前的定價開始，並於上市一個月後完結。香港的法規規定，保薦人發放即將掛牌上市的投資研究是受到限

制的。在企業 IPO 定價後的 40 日，若保薦人在相關企業上市前沒有規律地發表有關該企業上市的投資研究，在靜默期中，保薦人不應該發佈 IPO 公司的任何投資研究。

「穩定價格期」

穩定價格期是企業正式掛牌上市日期開始計算為期一個月。在香港的法規中，允許保薦人在穩定價格期內對其保薦上市的股票做出穩定價格行為，保薦人可以純粹為防止股票的市場價格下調或減少其下調幅度，而購買相關股票。具體的「穩定價格期」是股票上市交易起計的 30 日。

實際上，新上市股票價格的升跌，是受到多種不同的股票市場因素及公司因素所影響。在股票市場上，可能出現不利 IPO 公司的因素，IPO 股票價格下跌是正常的現象。但是保薦人可以採用穩定價格機制，人為地阻止 IPO 股票價格下跌，IPO 股票價格操控問題及投資者的道德風險問題可能出現。

「禁售期」

港交所規定的禁售期與包銷協議中的禁售期存在差異。「禁售期」（Lockup Period）是另一個潛在因素影響新掛牌股票回報。在香港 IPO 市場，禁售期是有兩種類型：

（1）港交所規定的禁售期〔禁售期〕

　　港交所限制控股股東在公司上市後的六個月內，不得出售其持有的 IPO 股票。而個別公司為給予投資者更大信心，會自行將此禁售期延長（於招股文件披露）。

（2）包銷協議中的禁售期（包銷禁售期）

　　禁售期主要是為了減少 IPO 股票上市六個月內的股票供應量，對該股票價格產生支持力。理論上，基礎投資者及策略投資者可以在該股票解禁期後沽售 IPO 股票，使股票供應量回復到正常水準，同時保薦人對 IPO 股票價格的影響亦消失。最終，IPO 股票價格變動只受到市場力量所影響。

　　包銷協議中的禁售協議並不是法規的要求，而是保薦人在 IPO 市場中的一些慣常行為。保薦人協助企業在上市前尋找基礎投資者及策略投資者，並與對方達成禁售承諾，一般的包銷禁售期是六個月。在禁售期內，基礎投資者及策略投資者若取得保薦人同意，基礎投資者及策略投資者可以沽售 IPO 股票。

　　通常，包銷禁售期以六個月為限，但是包銷禁售期的禁售限制時間卻可以由三個月至一年不等。包銷禁售期的資料可以在招股書中獲取，一般包銷禁售期為六個月。

「解禁期」

在上市六個月後，保薦人將終止各種於上市履行的職責。股票價格的升跌隨後將主要受到市場力量所影響，此段期間便是「解禁期」（Post Lockup Period）。

保薦人策略多面睇

透過保薦人在不同時段的行為，可以解釋不同時段的顯著性變化，並發現那些顯著性變化與保薦人行為存在一定的規律。

1. 保薦人對新上市股票的價格有較大的影響和承託力。

1) 保薦人在上市前通過與基礎投資者訂立禁售協議從而限制大比例的股票隨意流通，從而一定程度上減少了股票價格大幅波動的風險；

2) 同時，保薦人在 IPO 股票上市前後發出相關研究報告，吸引潛在投資者關注從而購買，一方面幫助企業增加籌資額，另一個方面，投資者的增加將直接推高股票價格，使得相關股票價格上升。

3) 在相關股票的穩定價格期，一旦發生利空事件，保薦人可以立即對相關股票做出穩價行為。

2. 保薦人一般傾向於使用估值定價偏低的上市策略

1) 低估值對投資者吸引力大，可以確保 IPO 股票全數被認購；

2) 在價格穩定期內，可能出現利空事件，為了防止股票價格跌破招股價，保薦人需要穩定股價，如果該股票優良同時估值較低，保薦人所需要付出的代價較小；

3) 市場衡量保薦人的其中一個要素是：其保薦後的股票上市後的表現。如果保薦人使用較低的上市估值的策略，機構或個人投資者對其投資可能性較大，申購額較大，融資額相對可能更高，那麼保薦人的相對收益也較大。

4. 從 IPO 中的優質投資者窺探投資機會

公司上市要有好表現，前期的優質投資者亦是關鍵，其對於公司上市後的股價表現非常重要。所謂優質投資者可歸納作下面幾種：

1. 與上市公司同一個行業的企業投資者。因為這些企業投資者應該是了解這是一間經營良好的優質才去投資，有同業其他公司投資，顯示出這上市公司在行業中受到認同；

2. 大型或知名的基金公司或機構投資者。有這些投資者的加入，可以加大其他投資者的入市信心，而且，這些投資者一般會作較長期的投資，不會短期沽出，令公司上市後的股價表現較佳。

3. 偏向長期持有的個人投資者。包銷商可從客戶過往的投資行為見到，該投資者是偏向長期持有或短期炒賣，然後揀選當中偏向長期持有的投資者去認購新股，這對公司上市後的股價較有支持。

另外，國際配售的超購倍數可說是影響新股股價的最重要指標。因為機構投資者，特別是長倉基金的買貨能力很大。因此，基礎投資者（Cornerstone investor）及錨定投資者（Anchor investor）的出現，對於新股上市的表現亦有啟示。投資者要留意的是，若基礎投資者認購的股份佔總發售股份的比例大，除了上市初期的沽壓大降，貨源較易歸邊，令股價容易炒易炒上，其他基金亦很有可能跟風，令國際配售更加火熱。

若有準備上市的公司引進基礎投資者，某程度上是對公司基本面和發展前景的肯定，因為基礎投資者承諾購買的股份在上市後有禁售期，一般為3到6個月。相反，所謂錨定投資者沒有禁售期，亦可隨時抽飛，和一般機構投資者分別不大，只是可獲優先分配股份。

基礎投資者的引進，對新股首日掛牌有正面的作用，尤其當基礎投資者認購的股份佔比高達40%至50%，因為上市初期的沽壓大降，貨源較易歸邊，若配合其他正面指標和大市造好，首日應有不錯的表現。

若散戶見到某新股有名人做了錨定投資者，而沒有基礎投資者就要小心，因為保薦人知悉新股難推銷時，都會向媒體放風，說某名人會認購該新股，為新股做勢，營造有猛人垂青效果，但因錨定投資者不用在招股文件中顯示，消息從來無法得到證實。另外，錨定投資者相較其他國際配售入飛的投資者，落單時間通常較早，可能在預路演時，便已簽訂認購協議，因落單時對市場整體反應欠了解，若發售期完結後，發現市場對該新股評價不正面，反而可能增加上市初期的沽壓。

控股有限公司

onal Holdings Limited

「天韻國際 06836.HK

上市融資目標清晰

為建百年老店

作為起跑點」

楊自遠
天韵國際主席及首席執行官

企業煉金術 - 天韵國際 06836.HK

綜合之前內容，企業選擇上市，從根本上是為擴展經營規模而走的必經之路。增加的資金規模與名牌效應，大幅提升企業在融資上的便利。同樣重要是在競爭激烈的經營環境中，在優化規模效益上能走得更快；在面對終端客戶上，能給予更大信心。整體在提升營收上，達致更佳的能見度。處理得宜，對中小企業而言，效果更為顯著。成就企業煉金術，為股東們創造價值，長線分享企業成長回報。

為進一步瞭解，在此借於 2015 年成功上市的天韵國際 06836.HK，作剖析以認清企業管理層對上市融資的思路。以第一身角色，體會上市融資的真正意義。

「天韵國際於 2015 年 7 月 7 日上市，上市價 1.28 港元。公司為內地加工水果產品生產商。來港於主板掛牌共發售 2.5 億股，其中公開發售獲 2.6 倍超購，一手中籤率 80%。集資淨額 2.786 億元，主要用作擴張資本開支及擴大銷售網絡與生產規模等。上市獨家保薦人國泰君安。」

眾所周知，一旦公司上市成功，公司面臨的第一個重大轉變就是，從一家私有公司轉變為公眾性上市公司。綜觀天韵國際過往多年業績，增長非常理想。通過整個過程，大股東持股會被攤薄，而且也需要繳付相關費用。然而對當初計劃上市，天韵主席及首席執行

官楊自遠仍堅定不疑表示此決定絕對值得。且更直言，公司上市無論是對融資渠道的增加，還是企業知名度的提升，還是企業管理等方面都是有著不可比擬的利好。上市約兩年以來，天韻的銷售業績一直表現不俗。其首席財務官何浩東強調，上市不僅意味著拓寬融資渠道，更重要的是能使像他們此類民營企業，在規範要求下自律性去更好地提升管理，促進集團由一個民營企業變成「真正」的公眾企業。從而亦可以提升與鞏固集團公信力。像天韻為例，是向著實現「百年老店」的目標奠定基礎。上市融資，也就是實現這方向的必經起點，尋求更多具共同目標與價值的股東令集團相比同業走得更快。

香港獨特的地理優勢 助企業傲視全球資本市場

　　論往績，天韻啟動上市程序能符合包括內地、香港，以致全球多個交易所上市要求。最終選擇了香港作上市平台，據楊自遠透露，除了考慮香港獨特的地理優勢方便來往之外，也考慮到香港作為國際金融中心的地位，更有利於公司吸引國際資本。最終在保薦人的選擇上，天韻選擇了國泰君安，助力集團在香港上市開拓新里程碑。

　　通過是次上市所募集的資金，在用途方面，主要用於三方面：一是投入生產線上擴大產能；二是用於新產品研發；三是用於市場的擴建。目前，天韻的三號四號車間作為全國自動化程度最高的車間，保持著全國自動化第一的領先優勢，目前集團已經能達到每年八萬四千噸的產能，而五號六號車間也預計將於 2017 年開始興建，前景可觀。

何浩東
天韵國際首席財務官

提升的資金實力 加快產品研發及渠道擴充增競爭優勢

作為面對大眾消費市場的企業,增長前景將與產品質量掛勾。在新產品的開發上,天韵上市後獲得的充裕資金加速了自家品牌的研發,有助不斷推出適應市場需求的新產品。其中,如何保持水果原有的營養價值,為集團的研發重點。目前,天韵已獲得國家頒授的「零防腐劑添加證書」,成為中國罐頭工業協會認可的國內首家及目前唯一一家得到標識的誠信企業。同時,集團也致力於研發功能性類別的產品,如適合嬰兒,老年人,糖尿病人食用的水果產品。已推出的新產品冰糖燉梨更是將清肺利咽的傳統古方與現代加工工藝的結合。以多樣性的產品研發為基準點,通過豐富產品類別吸引更多層次的消費群體。

另一方面,對產品研發的投入也體現在產品包裝設計的用心,更多地加強調消費者的使用體驗。在此範疇,天韵亦以做得更多,務求給予消費者更大信心及提升品牌價值。如已推出的新產品冰糖燉梨採用了新包裝,每一罐產品上均設有獨有的二維碼。這份二維碼將會成為每一罐產品的獨有身份認證,為消費者作更佳源頭追塑。同時也有利集團提升服務,全因通過追蹤二維碼可以直接反應各地區的銷售情況,未來將方便集團定向採集市場銷售數據,分析每類產品的銷售比重。

在提速銷售上,集團獲得上市資金協助後,線上銷售業績持續上漲。線下銷售的業績更取得長足進步。自家品牌的分銷商從2015年年初的17個發展到2016年年底的126個,分佈全國20個省。通過銷售業績來看,天韵自家品牌2015年的銷售收入較2014年相比翻倍,2016年較2015年相比又遞增了超過80%,整體業務趨勢向好。食品行業始終關係到社會民生,食品安全問題也在近年來被推倒風口浪尖。借道上市,天韵進一步加強了對軟硬件設施的投入。此外,集團最近也再次取得了國際最高級別管理體系 BRC（British Retail Consortium）A+ 認證。通過加強原料基地的建設,使用農殘重金屬檢測設備,隨時抽檢保證原材物料,從源頭上解決了農殘重金屬的問題。此外,在每條生產線加入金屬探測器和X光機透視異物。務求從原料產地到加工各步驟都能嚴格把關。

天韵成立至今在食品安全方面無任何不良記錄，使集團的食品安全信譽得到國際公司認可。以香港作為上市融資平台，實力的提升有望將商譽延伸至全速起航的自家品牌產品業務。短中期內急速提升的經營規模，找緊時間捕捉成長性機遇。天韵在2015及2016年度同樣交出了亮麗成績表，是印證上市融資對企業獲得更理想發展前景的其一最好例證。

果小懶電商
微信公眾號

天同时代
TIANTONG TIMES

天同时代水果罐头

天韵國際控股有限公司 06836.HK 特約

上市
融資解構

認識過程、懂得解構
笑傲股海淘金

撰文： 楊敬培

統籌： 黃子祥

資料搜集： 藍曉儀、張雅楠

設計監督： 鐵人傳訊有限公司

協力機構： 天韵國際控股有限公司 06836.HK
鼎成證券有限公司
鼎成財富管理有限公司

鳴謝： 郭文壇 鼎成證券有限公司
鄭大雙 興業金融融資有限公司

出版： 新新聞媒體有限公司
香港九龍荔枝角長沙灣道 920-930 號
時代中心 2301 室
電話：(852) 3108 9102
傳真：(852) 3011 3199
網址：www.sharenewsmedia.com

發行機構： 香港聯合書刊物流有限公司
香港新界大埔汀麗路 36 號
中華商務印刷大廈 3 字樓
電話：(852) 2150 2100
傳真：(852) 2407 3062

印刷： 明進國際印刷製本有限公司
九龍官塘官塘道 436-446 號官塘工業中
心第四期 7 字樓 A,B,G,H,L,M,N & Q 室

出版日期： 2017 年 5 月

ISBN： 978-988-781-590-7

 新新聞媒體有限公司
SHARE NEWS MEDIA LIMITED

 鐵人傳訊